时间序列分析发展简史

聂淑媛 著

科学出版社

北京

内 容 简 介

本书依据大量的原始文献和相关研究文献，尽可能地以概念、思想和方法形成与发展的时间顺序为主线，细致勾勒时间序列分析的起源、历史发展的脉络。同时本书也为时间序列分析课程的理论教学和学习提供文化背景与学术支撑，为现代教学科研探寻方向。

本书适合统计学、金融数学、数据科学与大数据技术专业教师及学生阅读，也适合科学史工作者、文化研究工作者、数学爱好者等阅读。

图书在版编目（CIP）数据

时间序列分析发展简史／聂淑媛著. —北京：科学出版社，2019.12
ISBN 978-7-03-063363-7

Ⅰ．①时… Ⅱ．①聂… Ⅲ．①时间序列分析-数学史-研究
Ⅳ．①O211.61

中国版本图书馆 CIP 数据核字（2019）第 255971 号

责任编辑：姚莉丽／责任校对：杨聪敏
责任印制：赵　博／封面设计：陈　敬

科学出版社 出版
北京东黄城根北街 16 号
邮政编码：100717
http://www.sciencep.com

北京凌奇印刷有限责任公司印刷
科学出版社发行　各地新华书店经销

*

2019 年 12 月第　一　版　开本：720×1000　B5
2025 年 1 月第五次印刷　印张：8 1/2
字数：170 000
定价：49.00 元
（如有印装质量问题，我社负责调换）

当今的信息化时代离不开数据，数据分析特别是大数据的高效处理对于科技进步和社会发展至关重要，而时间序列分析以其独具特色、自成体系的数据分析和处理方法，已成为获得广泛应用的数据科学利器，在信息化社会的各个方面发挥着日益重要的作用。

时间序列分析的发展与统计学的发展紧密交织，有着深厚的历史渊源，其发展历程不乏生动的创新案例。厘清这门应用数学学科的来龙去脉，不仅是数学史研究的有价值的课题，同时对于深刻理解时间序列分析本身的方法与理论，推动这门学科的创新发展，也有重要的现实意义。

该书是笔者所见第一部叙述最全面完整的时间序列分析发展史著作。全书从古代埃及和中国春秋战国时期朴素的时序观察数据记载开始，将读者引入时间序列分析发展的历史长河。接着详尽梳理了时间序列分析在近代的早期发展，特别是考察了平稳时间序列产生的背景，指出了格朗特的创新思想——统计比率对于时间和空间的稳定性的关键作用，从而肯定了格朗特在时间序列分析上的先驱地位。当然，时间序列分析本质上是现代社会经济与科学技术发展需要的产物，时间序列分析的现代发展也是该书的重点所在，在这方面，作者抓住了"三大基本概念""两大方法"和"三大模型"：探讨了时间序列分析的基本概念——差分、指数与滑动平均的发展历程及它们对现代时间序列分析形成的推动作用；深入研究了现代时间序列分析两大方法——频域分析和时域分析的起源与发展，其中对频域分析主要奠基人舒斯特和时域分析也可以说是整个现代时间序列分析的重要开山人物尤尔的论述尤为透彻入木；细致分析了时域分析中平稳时间序列三大模型——AR模型、MA模型和ARMA模型的创建过程及其相互之间的传承关系。该书还分析了经济学、统计学思想与时间序列分析学科的交叉、融合。总之，该书描绘了一幅脉络清晰的时间序列分析发展的历史图像，其中也包含了作者自己的研究成果和见解，这些成果和见解是作者的工笔画，为我们理解时间序列分析提供了新的视点和线索。

时间序列分析的历史研究属于学科史范围。学科史是数学史研究不可或缺的重要组成部分。现代数学好比一棵枝繁叶茂的大树，主干与分支是有机的整体。没有整体观的学科史研究会陷于孤立的坐井观天；反之，没有对各个分支发展的透彻了解，也不可能对数学的整体发展形成全面正确的认识。然而学科史的研究对研究者有较高的要求，既要对所论学科有坚实的专业基础，又要有充分的驾驭文字的能力。该书体现了这种文理交融的精神。作者聂淑媛在攻读博士学位时就本着学以致用的原则选择时间序列分析史作为主攻方向，就读期间克服了一名在职研究生所面临的各种困难，锲而不舍，广泛调查、钻研相关的原始著述和研究文献，完成了时间序列分析史的博士论文，部分研究成果曾在国际学术会议上报告并获得国际同行的认可。研究生毕业后，聂淑媛回到了教学岗位，在洛阳师范学院良好的教学环境中，结合自己的教学实践，进一步深化、完善时间序列分析史研究，终于打磨成现在这部数学学科史的佳作。当该书出版之际，谨志数语，以表祝贺，也希望该书的出版能在带动数学学科史研究方面起到作用，同时能为大家了解时间序列分析本身乃至更宽泛的数据科学提供一条历史途径，毕竟诚如陈省身先生为笔者所著《数学史概论》题词中所说，"了解历史的变化是了解这门科学的一个步骤"。

中科院数学与系统科学研究院

李文林

2019 年 10 月 30 日于北京中关村

　　学科史的研究一直受到数学史界的高度重视,如陈希孺的《数理统计学简史》、冯克勤的《代数数论简史》、龚昇和林立军的《简明微积分发展史》、徐传胜的《圣彼得堡数学学派研究》等都属于这一范畴。本书以时间序列分析学科简史为研究主题,原因有如下两点:

　　第一,在这个数据爆炸的时代,如果没有统计学和数据科学对于大量杂乱无章的数据进行高效处理,许多信息将无法显示其有用的价值,时间序列分析是数理统计学的一个专业分支,也是数据科学与大数据技术专业的核心课程,它有自己独特的、自成体系的数据分析和处理方法。最初的描述性时序分析方法主要依赖于对数据的直观比较或者简单的绘图观测,操作简单、直观易懂,在早期的自然科学中发挥着重要作用,但它主观性强、结论粗糙。随着研究领域的逐渐拓宽和研究问题的复杂化,以及概率理论中随机变量的发展和统计数学中一些结论和方法的提出,研究重心从对表面现象的总结逐渐转移到分析随机序列内在本质的相关关系上,从而开辟了统计时序分析的时代。正是在统计性时序分析的发展过程中,逐渐诞生了差分、指数与滑动平均、波动、百分数偏差等一系列的概念以及时间序列的分解等思想方法,最终引导了现代时间序列分析的形成。现代时序分析方法主要包括频域分析方法和时域分析方法两大类,学界普遍认为,1906 年,德国学者舒斯特提出的周期图方法是频域分析的开端,1927 年,英国统计学家尤尔首创的 AR(2)模型是时域分析方法的起源,1931 年,沃克把 AR(2)模型扩展到一般的 AR(s)模型,斯卢茨基则于 1927 年创建了移动求和 MA(n)模型。在此基础上,1938 年,瑞典计量经济学家和统计学家沃尔德把这些核心思想和相关的概率理论进行了综合,完成了对离散平稳时间序列的系统研究,并给出了自回归移动平均 ARMA 模型。1970 年,博克斯和詹金斯出版了关于时间序列的奠基性著作《时间序列分析:预测与控制》[①],讨论了非平稳自回归移动平均 ARIMA 模型,至此,时间序列分析的理论和实践得到了飞速发展,在现代社会中的应用也日益广泛。事实上,自然界和社会经济领域的许多指标,都可以视为随着时间的推移

————————

　　① 1970 年,该书首次出版时,作者是博克斯和詹金斯,到第 3 版时增加了第三位作者莱茵泽尔(Gregory C. Reinsel)。

而构成了时间序列数据，如太阳黑子数、国民生产总值、居民消费价格指数、物价指数，甚至某种产品销售量和大气中二氧化碳的排放量等。所以，作为处理数据的一种基本方法，时间序列分析学科发展迅速、日趋成熟，尤其是随着计算机技术的运用以及统计软件的日益普及，该学科已经被广泛应用到心理学、气象学、水文、生物医学、管理学、地震以及军事等诸多领域。特别是和金融领域的结合，更是开辟了金融时间序列分析的方向，1982年，美国经济学家恩格尔提出自回归条件异方差ARCH模型，用于研究英国通货膨胀指数的波动性，之后该模型被金融学家用于研究金融资产的价格因素，并逐步衍生出形式众多的GARCH族计量模型，构成了当前国际上研究金融市场资产定价的前沿理论，也正是因为在处理时间序列变量的研究方法上取得重大突破，恩格尔荣获2003年度的诺贝尔经济学奖。与此同时，在近两届的国际数学家大会报告中，也都不同程度地涉及时间序列分析的内容，因此可以说，时间序列分析愈来愈大的影响引起数学家和现代社会愈来愈高的重视。

第二，笔者经过广泛细致的搜索和查询发现，目前来看，虽然国内外关于时间序列分析的教材非常丰富，但研究其历史发展的文献并不多见，1997年，英国统计学家克莱因出版的专著《基于统计视野的时间序列分析史：1662-1938》(*Statistical Visions in Time*：*A History of Time Series Analysis*，1662-1938)，是当前系统研究时间序列分析历史的一部重要著作。同时，瑞士圣加仑大学的克西盖思纳教授和德国柏林自由大学的沃特斯教授2007年出版的著作《现代时间序列分析导论》中，用一小节的篇幅对时间序列分析的历史发展做了概括性综述。除此之外，关于时间序列分析的发展史，还有一些粗略性介绍，大都零散分布于各种专著、论文，或者时间序列分析教材的前言或绪论中，但缺乏对这一主题的系统研究文献。

综合上述双重因素，联系时间序列分析课程在当前各高校数据科学与大数据技术、应用统计学等专业的重要地位，笔者认为，无论是从科学史角度，还是从单一学科史层面来看，系统地研究时间序列分析的历史演化过程，都具有重要的理论价值和现实意义。笔者力图在掌握和理解原始资料的基础上，细致勾勒时间序列分析的起源、历史发展的脉络，当然也希望本著作能为该课程的理论教学和学习提供文化背景与学术支撑，为现代教学科研探寻方向。

作　者
2019年11月

目　录

序

前言

第1章　早期描述性时序分析的应用 ……………………………………… 1

　1.1　基于描述性时序分析推断农业规律 ……………………………… 1

　　1.1.1　最早的时序分析——尼罗河涨落数据列 ……………………… 1

　　1.1.2　我国历史上的粮食生产周期研究与稳定粮价之道 …………… 2

　　1.1.3　欧洲经济学家对粮食产量的描述分析 ………………………… 2

　1.2　格朗特对死亡公报数据序列的剖析 ……………………………… 4

　　1.2.1　平稳序列产生的背景——统计比率的稳定性 ………………… 5

　　1.2.2　格朗特现代时间序列思想的萌芽 ……………………………… 6

　　1.2.3　格朗特对卡尔·皮尔逊等统计学家的学术影响 ……………… 7

第2章　时间序列相关概念的发展历程 …………………………………… 9

　2.1　差分的历史 ………………………………………………………… 9

　　2.1.1　早期的差分思想 ………………………………………………… 10

　　2.1.2　实证研究中的差分运算 ………………………………………… 11

　　2.1.3　现代差分理论 …………………………………………………… 17

　2.2　指数和滑动平均的历史 …………………………………………… 19

　　2.2.1　指数序列的发展 ………………………………………………… 19

　　2.2.2　"昙花一现"的银行滑动平均 ………………………………… 21

　　2.2.3　现代滑动平均的发展 …………………………………………… 23

第3章　频域分析的早期发展 ……………………………………………… 31

　3.1　傅里叶级数的理论发展 …………………………………………… 32

　3.2　舒斯特创建周期图方法 …………………………………………… 33

　　3.2.1　舒斯特生平与研究背景 ………………………………………… 34

　　3.2.2　基础知识解析 …………………………………………………… 35

　　3.2.3　周期图方法的创建 ……………………………………………… 37

第4章　时域分析方法的源起——尤尔的奠基性工作 ………………… 44

　4.1　尤尔生平与研究背景 ……………………………………………… 45

4.2 尤尔研究回归和相关技术——与卡尔·皮尔逊的合作和分歧 ·········· 46
   4.2.1 受教于卡尔·皮尔逊及其对卡尔·皮尔逊思想的传承 ········· 46
   4.2.2 尤尔与卡尔·皮尔逊的分歧 ···················· 47
4.3 尤尔基于社会统计视角对贫穷问题的实证研究 ············· 49
   4.3.1 尤尔的社会统计学研究 ······················ 49
   4.3.2 统计工具与贫穷等社会问题的有机融合 ············· 49
   4.3.3 尤尔社会科学研究的影响 ····················· 53
4.4 尤尔首创线性自回归 AR(2) 模型 ·················· 54
   4.4.1 变量差分方法和时间相关问题 ················· 54
   4.4.2 时间序列的分类和无意义相关问题 ··············· 56
   4.4.3 模型创建和回归分析法 ······················ 57
延伸阅读 尤尔与作者身份识别研究 ·················· 62

第 5 章 时域分析方法的持续发展——各类平稳模型的创建 ········· 68
5.1 沃克拓展的 AR(s) 模型 ······················ 68
   5.1.1 沃克气象学的研究背景 ······················ 68
   5.1.2 对尤尔建模工作的概括 ······················ 69
   5.1.3 沃克的建模思路 ························· 70
   5.1.4 沃克运用 AR(s) 模型研究世界天气问题 ············· 76
5.2 斯卢茨基创建 MA(n) 模型 ···················· 79
   5.2.1 斯卢茨基的学术研究背景 ····················· 79
   5.2.2 MA(n) 模型构建过程解析 ···················· 80
5.3 沃尔德创建 ARMA(s, n) 模型 ··················· 84
   5.3.1 沃尔德生平与研究背景 ······················ 84
   5.3.2 沃尔德对离散平稳时间序列的界定 ··············· 85
   5.3.3 沃尔德研究思路解析 ······················ 86
   5.3.4 沃尔德的研究内容及方法 ····················· 87
   5.3.5 沃尔德工作的影响 ························ 89
   5.3.6 时间序列分解的背景及沃尔德分解定理的诞生 ········· 91
   5.3.7 沃尔德分解的意义及构建 ARMA 模型 ············· 97
5.4 随机游动模型 ··························· 98

第 6 章 时间序列分析与统计学的交融 ·················· 101
6.1 "相关"概念的涵义变迁 ······················ 103
   6.1.1 "相关"用于刻画两个变量受公共原因影响的程度 ········· 103
   6.1.2 相关是比因果关系更宽泛的分类方式 ·············· 104
   6.1.3 从伪相关到多元相关、虚假联合分布和时间序列自相关 ······ 104

6.2　"误差项"概念的内涵演变 ……………………………………… 106

6.2.1　时间序列分解下的随机成分——残差 ………………………… 107

6.2.2　线性自回归 AR(2)模型中的误差项——随机扰动 ……………… 108

6.2.3　基于随机扰动叠加构建的移动平均 MA(n)模型 ……………… 108

6.2.4　基于残差序列的异方差性构建的 ARCH 族模型 ……………… 109

延伸阅读　数据科学的发展与建设 ………………………………… 109

参考文献 ………………………………………………………………118

第 1 章
早期描述性时序分析的应用

在统计研究中，对于随着时间而变化的现象，依照时间间隔的顺序记录下来的一列有序数据就构成了一个时间序列。所谓时间序列分析就是探索包含在数据中的所有信息，观察、估算和研究这样一组真实数据在长期变动过程中所存在的统计规律性，企图通过揭示该规律去理解所要研究的动态系统，预报并控制将来的事件，提高经营决策水平。日常生活和社会实践中的时间序列数据比比皆是、无处不在，早期的时间序列分析一般都是进行简单的数据比较，或者是通过绘制直观的时序图进行观测，进而挖掘随机序列蕴涵的性质，这种方法被称为描述性时序分析。在最初认识自然、改造生活环境的漫长过程中，人类曾运用描述性时序分析方法发现了许多自然规律，特别是由于农业在传统社会的经济发展和进步中起着决定性作用，人们高度重视对农业生产的分析研究，基于早期的描述性分析推断出一些农业经济的周期波动特征，并相应地采取了一系列合理的农业生产调整措施，极大地推动了社会的进步。

1.1 基于描述性时序分析推断农业规律

1.1.1 最早的时序分析——尼罗河涨落数据列

作为四大文明古国之一，古代埃及的灿烂文明很大程度上得益于其对尼罗河涨落情况的掌握和利用，尼罗河纵贯埃及全境，它的定期泛滥是影响农业生产的重要因素。为了发现尼罗河的泛滥规律，古埃及人密切关注其涨落态势，并逐一记录，即形成了历史上最早的时间序列数据。经过长期的持续观察和记录比较，古埃及人发现，尼罗河的泛滥开始于天狼星第一次和太阳同时升起后的 200 天左右，洪水大约持续 70～80 天的时间，其间含有大量矿物质的泥沙流逐渐沉积，成为肥沃的黑色土壤，此时特别适宜于种植农作物。通过时序分析掌握了这一规律后，古埃及立即调整了农作物种类和种植时间，并节约了大量劳动力，为他们的生存、繁衍和农业的迅速发展提供了极其便利的条件。古希腊历史学家希罗多德(Herodotus，约公元前 484～前 425)曾赞誉 "埃及是尼罗河的馈赠"，意指尼罗河不仅养育了埃及人民，也孕育了埃及的文明和进步，古埃及的科学文化正是在利用尼罗河的泛滥规律、改造尼罗河的生产实践中逐渐形成的。

1.1.2 我国历史上的粮食生产周期研究与稳定粮价之道

图 1.1 范蠡

据《史记·货殖列传》记载，春秋战国时期的计然和范蠡(图 1.1)已开始系统记录谷物的丰歉情况，通过对数据列进行分析，并与当时极丰富的天文学知识相结合，提出了我国农业"故岁在金，穰；水，毁；木，饥；火，旱。……六岁穰，六岁旱，十二岁一大饥"的自然规律。《越绝书·计倪内经》中阐述得更为细致："太阴三岁处金则穰，三岁处水则毁，三岁处木则康，三岁处火则旱……天下六岁一穰，六岁一康，凡十二岁一饥。"意思是说，星绕天空运行，运行三年若处于金位，则该年为大丰收年；若处于水位则为大灾年；再运行三年，若至木位则为小丰收年；若至火位即为小灾年，故天下平均六年一大丰收，六年一小丰收，十二年一大饥荒。

计然和范蠡通过这种简单的描述性时序分析，总结出谷物收成的波动态势，并由此提出了"八谷亦一贱一贵，极而复返"的价格变动规律，即指气候条件基本上决定各年的农作物收成，则物价势必随天时变动而变动，同时谷物价格的变动又影响了一般商品的价格，故万物行情均相应而变。范蠡创建了农业经济循环学说，指出由于生产领域的波动致使社会经济生活存在一定的客观规律，国家的贸易活动要适应这一规律，其稳定粮价之道是"平粜法"。政府须参加农作物经营，但不是为了追求利润，而是为了消除过高的价格波动。在大丰收年，当粮食价格太低时，政府以高于最低价收购农民的余粮并进行储备；反之，当灾年市场粮价太高而超出一定限度时，政府将储备粮食投放市场，降低和稳定粮价，以确保老百姓的生活。这是 2500 多年前一个极具社会价值的描述性时序分析经典案例。

1.1.3 欧洲经济学家对粮食产量的描述分析

粮食是民众生存之本、经济发展之柱，尤其是工业革命前，让百姓吃饱饭始终是国家要解决的头等大事，世界各国都不例外，因此，西方经济学家同样致力于研究欧洲各地的粮食产量。在时间序列分析领域，有一个著名的贝弗里奇小麦价格指数序列，是英国经济学家贝弗里奇(William Henry Beveridge，1879～

1963,图 1.2)对 1500～1869 年长达 300 多年的小麦价格逐年进行估计而形成的数据列,数据来源于时间序列数据图书馆(Time Series Data Library),其时序图如图 1.3 所示,研究表明小麦价格序列有一个 13 年左右的周期。该序列的重要意义还在于,时间序列分析学科的一些代表性人物,如英国统计学家尤尔(George Udny Yule,1871～1951)、瑞典计量经济学家沃尔德(Herman Wold,1908～1992)、英国统计学家和计量经济学家格兰杰(Clive William John Granger,1934～2009)等都曾实证研究和具体分析了这一序列。

图 1.2 贝弗里奇

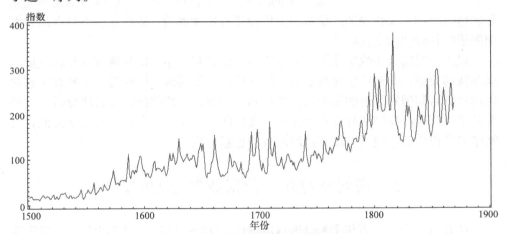

图 1.3 贝弗里奇小麦价格指数时序图

图 1.4 施瓦贝

当然,描述性时序分析在天文学和物理学等自然科学领域也有一定的应用,如巴比伦天文学家根据星星和卫星相对位置的数据序列预测了天文学事件,他们对卫星运动的观察是开普勒三大定律的坚实基础。同时,德国业余天文学家、药剂师施瓦贝(Samuel Heinrich Schwabe,1789～1875,图 1.4)自 1825 年即开始通过一架小小的望远镜注视太阳,他注意到,除了太阳黑子外无法观测到任何东西。于是,施瓦贝在每一个出太阳的日子都开始描绘太阳黑子,经过几十年的观察、描绘和记录,他最终发

图1.5　赫歇尔

现了太阳黑子的数目以 11 年左右的周期进行增加或减少。

尽管施瓦贝的声明当时不被世人所重视，但目前学者普遍认为，这项发现开创了现代的太阳运动规律研究。而且由于太阳黑子的活动周期和农业的生产周期具有非常相近的长度，这一现象引起了英国天文学家赫歇尔(Friedrich Wilhelm Herschel，1738～1822，图 1.5)的注意，1781 年赫歇尔发现了一颗新的行星——天王星，因此被誉为恒星天文学之父。他根据前人关于农业和太阳黑子周期的研究结论，结合自己的天文学专长，最终发现，当太阳黑子变少时，地球上的降水量就会减少，在人工灌溉技术还不成熟和发达的时期，农作物的产量基本上依赖于自然降水量，故农业生产呈现出和太阳黑子极其近似的变化周期。

以历史时间为序收集数据，通过简单的记录和描述，即观察到农作物产量的周期波动特征，并对产生该波动的气候原因进行了剖析，同时进一步挖掘了农业周期对价格和国家经济的影响。由此可知，即便是早期的描述性时序分析，也要服务于国家经济发展和社会进步这一最终目的，事实上，和政治统计学类似，时间序列分析的诞生也具有极其浓厚的政治色彩背景。

1.2　格朗特对死亡公报数据序列的剖析

1662 年，英国学者格朗特(John Graunt，1620～1674，图 1.6)出版了《关于死亡公报的自然和政治观察》(*Natural and Political Observations Made Upon the Bills of Mortality*，下简称《观察》)一书，该书共包括 12 章，用 8 个表格细致整理了死亡公报中的庞大数据，内容涉及死亡原因(尤其是当时比较多见的黑死病)、男女数量差异、伦敦人口数及增长情况等诸多问题。格朗特对数据进行了一些简单的初步分析，使用的主要算术工具是三分法。所谓三分法，是指在一个比例式 $\dfrac{a}{b}=\dfrac{c}{d}$ 中，只要已知任意三个数，即可利用该关系式求出第四个未知数。虽然现在看来三分法方法简单、算

图1.6　格朗特

术技巧粗糙，但在当时的欧洲，该法则由于其创新思想受到极高的评价，格朗特也基于三分法推断了一些重要结论，《观察》被誉为现代统计学的开山之作。格朗特作为应用统计思想的第一人，由国王查理二世(Charles Ⅱ，1630～1685)举荐而进入当时英国最具名望的科学组织——皇家学会，并被称为"统计学之父"，这早已是统计学界所熟知的事实。下面从时序分析的视角展现格朗特在时间序列分析上的远见和独特思路，剖析格朗特与时间序列分析的深层渊源关系。

1.2.1 平稳序列产生的背景——统计比率的稳定性

现今对格朗特的早期生活知之甚少，仅仅知道他是一位成功的商人。事实上，正是出于商人目的，格朗特才系统地分析了伦敦教会自 1604 年起每周一次发表的死亡公报，并对当时有关人口和死亡原因等问题做出了一些论断。在此过程中，格朗特从不同的角度解释和说明统计比率相对于时间和空间的稳定性，这也是他最重要的创新思想。所谓统计比率的稳定性，是指某个事件或某种特性出现的频率，随着观察次数的逐渐增加而趋向于一个固定值。虽然格朗特最终未能用明确的语言提炼这一结论，但他对数据的分析，充分体现并依托了该原则。比如，格朗特推断，不管是由于慢性病(如结核病等)，还是出于某些偶然因素(如淹死等意外情况)，这种由特定原因造成的死亡人数与总死亡人数构成一个稳定的比率；再如，格朗特以 8 年为一个时间段，推断出伦敦男女出生率之比总是稳定在 14：13 左右，并进一步指出，尽管出生婴儿中男婴比女婴大约多十三分之一，但现实生活中，由于男性遭遇车祸等意外死亡的概率大于女性，故婚姻年龄上男女的数量大致是相同的，提出国家应该实行一夫一妻制，从而开始了文明婚姻。当然，作为商人，格朗特极力证实统计比率的稳定性，一方面希望其分析有助于商业贸易的繁荣，同时更寄希望于国家稳定的局势有助于贸易往来和商业预测，以获取最大利润。

抛开格朗特的研究动机和目的，需要说明的是：19 世纪商业实践应用于时间序列分析的理论基础正是统计比率的稳定性思想，格朗特拉开了商业实践应用的序幕。事实上，也正是基于稳定性思想的铺垫，才有可能创建和构造更多源于生活实际的平稳时间序列，如按某种死亡原因排列的人口序列、人口增长序列等，平稳时间序列逐步应用于实际生活。这正是时间序列分析学科产生的背景，学界通常认为，时间序列分析是随着经济、商业、工程、自然科学和社会科学的发展而逐步诞生的，但真正有史料可考究的最原始的时间序列数据，就是格朗特《观察》中的 20 年死亡公报数据。平稳时间序列的诞生和较为具体细致的统计分析正是源于格朗特对该数据列的列表比较、计算和分析，以及由此得出的关键性创新思想——统计比率对于时间和空间的稳定性。

1.2.2　格朗特现代时间序列思想的萌芽

1. 序列一阶差分的雏形

序列差分在格朗特的商业算术中有着明确的记载，他根据一阶差分探究病人和死亡之间的时间模式关系。若某年的人口死亡数量比前后年的死亡数量都大，或出生数量比前后年的出生数量都小，格朗特就定义其为"病态年"。值得说明的是，虽然格朗特通过计算平均数(如以 7 年为一个时段)确定出生或死亡的人口平均数量，但他决定病态年时，不是根据平均数进行比较，而是通过序列的一阶差分进行比较，这是关于序列差分思想的最早萌芽。在极力推证统计比率稳定性的过程中，格朗特根据已知数据利用相对时间确定季节性死亡数量，探究这些时间序列的季节性、周期性模式，借助一阶差分预测事件再次发生的时间，最终揭露了病态年的间隔是 2～8 年。当然，格朗特用序列差分方法研究问题的设想只有在 19 世纪金融交易的背景下才得以真正实现。

2. 生命表及人口计算中蕴含的预测、估计理念

《观察》一书尽管只是 80 余页的小册子，却包含着众多的创新成果，如前文提到的统计比率稳定性。也正是在此思想的引领下，格朗特首次提出生命表的概念，并计算了目前已知的第一个生命表，首次对伦敦人口进行估计，包括死亡、出生及增长率等问题。比如，死亡公报中未记录死者的年龄，格朗特就通过检验 20 余年各种原因的死亡人数，初步估计了婴儿和老年人的死亡情况，以及同时出生的人在不同年龄段死亡的比率，结果得出：约 $\frac{1}{3}$ 的儿童死亡发生在四五岁以下；近 $\frac{1}{2}$ 的儿童死亡发生在 6 岁以下；只有约7%的死亡属于寿终正寝。当然，出于政治需求，格朗特生命表的第一个重大应用就是估计出伦敦 16～56 岁的成年男性大约占总人数的34%，即有 70000 人左右可以作为战争中的士兵。抛开问题的时代背景，仅从纯数学的角度而言，格朗特的工作可以概括为：以对原始数据序列的计算和分析为基础，对目前和将来的情况进行预测与估计，并把得到的结果应用于政治领域。而现代时间序列分析的主旨仍然是根据有限的观察数据，借助于各种数学模型，试图反映序列中包含的动态依存关系，并对其未来行为进行预报。因此，格朗特的预测与估计理念为现代的应用思想做了良好的铺垫，两者的区别在于形式的差异和方法的不同，核心思想有着根本性的相似。

3. 对数据可信性的处理

数据的可信性指是否存在某些客观或主观原因，如记录时书写的失误或仪器

的误差等客观事实，或有人为掩盖某种事实而故意篡改数据等主观因素，致使某些数据与其邻近数据相比有极其明显的偏差，以致人们对这些数据的可信任程度产生了怀疑。现行时间序列分析中称之为奇异数据，鉴别时间序列中是否存在奇异数据，以及哪些数据可能为奇异数据，并对其进行合理的校正，至今仍是一个在应用上相当重要、在方法研究上受到高度重视的问题。

格朗特处理数据可信性的典型例子是：对于黑死病大流行的两个年份 1603年和 1625 年，统计数据显示 1603 年后 9 个月黑死病死亡人数约占总死亡人数的82%，而 1625 年该比率约为 68%，显著降低。但格朗特根据出生人数推知，这两年的死亡率基本相当且都达到最大。于是，格朗特对 1625 年黑死病死亡率的明显降低是确实降低了还是数据出现了问题产生了怀疑。他对 1625 年及前后没有黑死病的年份进行比较，结果发现，1625 年非黑死病的死亡人数比邻近年份多出大约 1.1 万人，这显然有悖常理！而当把这 1.1 万人改为黑死病死亡人数，再计算1625 年黑死病死亡人数占总死亡人数的比率，结果为 83.7%，与 1603 年的 82% 相当。因此，格朗特认定是有人在故意瞒报或误报黑死病的死亡信息，致使 1625年黑死病死亡人数统计过低，肯定了校正数据的合理性。

这种对数据可信性的怀疑和处理，与现代时间序列分析中奇异数据的检测和剔除有异曲同工之处：如张树京认为，由于传输系统信号失真或丢失等原因，在样本数据采集中难免会引入一些虚假数据，为保证模型的正常建立和模型精度，必须对这些奇异数据进行检测和剔除。但目前还没有很好的自动剔除办法，一般都是结合分析人员的实际经验，利用"线性外推"的人工剔除方法。

至此，我们有理由相信，除了具体计算方法的简单和粗糙，格朗特关于时间序列的萌芽思想与现代时间序列分析有着不同程度的相似，他的创意具有很好的启发性，其影响不容忽视。

1.2.3 格朗特对卡尔·皮尔逊等统计学家的学术影响

格朗特在统计学界有很强的影响力，现代数理统计学的创立者、生物统计学家卡尔·皮尔逊(Karl Pearson，1857～1936，图 1.7)即是深受格朗特鼓舞的皇家学会成员之一。卡尔·皮尔逊对格朗特的推崇由下述事实可见一斑：他主编的重要统计期刊《生物统计杂志》，其创刊号格言是达尔文对三分法的评语——对任何缺少实际测量和三分法的事情，我都没有信心。同时，卡尔·皮尔逊的儿子爱根·皮尔逊(Egon Sharpe Pearson，1895～1980)在编辑其父亲关于统计学的历史讲稿时，扉页的献词是：献给皇家学会，因

图 1.7　卡尔·皮尔逊

为这些讲稿通过格朗特 1662 年的著作《关于死亡公报的自然和政治观察》鼓舞着多方面的统计调查。

卡尔·皮尔逊在其论文《死亡机会》中，曾分析了一个与格朗特的研究完全类似的问题：在 1000 个同时活着的人中，每一个年龄段有多少人死亡？卡尔·皮尔逊正是在格朗特数据表分析的基础上，才做出了死亡曲线。他通过把复杂的数据分解成 5 个平滑曲线，分别表示集中在 72 岁、42 岁、23 岁、3 岁和出生前 1 个月的频率分布函数，所定义的死亡机会概念类似于现代的滑动平均概念，如 15 岁时的死亡概率是 3 岁、23 岁和 42 岁时死亡概率的加权平均。实际上，卡尔·皮尔逊通过对格朗特的商业算术增加现代数学工具，如机会游戏、平滑曲线和代数方程等，从时间角度出发，利用图形和漫画阐述人口的死亡问题，与格朗特的描述是极其一致的！

概言之，格朗特的《观察》，除了作为普遍赞誉的统计学开端之外，更为时间序列分析的诞生提供了基础背景和不容忽视的萌芽思想。理解这层含义，不仅是对原来普遍把格朗特赞誉为"统计学之父"的一个修订和补充，而且有助于认定格朗特在时间序列分析历史上的先驱地位，更有助于界定时间序列分析的起源，以便于对其发展史追根溯源、理清脉络。

第 2 章
时间序列相关概念的发展历程

17 世纪，当法国数学家帕斯卡(Blaise Pascal，1623~1662)和费马(Pierre de Fermat，1601~1665)以掷骰子的赌博游戏为起点试图探讨概率比率的稳定性时，欧洲的商人却没有借鉴这些学者的数学方法，相反，他们凭借经验或传统习惯去了解工业分支中的周期性波动，通过对价格和销售量的粗糙比较去分析市场的不规则变化。为了更确切地掌握市场的动态变化情形，计算自己在市场变化中的利益得失，他们利用商人的独特方法、借助形式各异的定量推理分析市场波动。虽然这些商业知识可能缺乏严谨的数学理论，书面表达也有一定的局限性，还不能直接应用到科学中，但商人的"经验工作法"确实引导了杰文斯(William Stanley Jevons，1835~1882)等数学家着手调查周期性商业波动，并把简单的商业比较最终发展到对波动的科学处理。因此，商人们日积月累的这些实际技术，无意中为市场变化从商业实践转入到严格统计序列分析奠定了基础。19 世纪的数学家正是在欣赏并应用上述金融算术的过程中，开始讨论对时间的建模问题，他们处理数据的主要工具，比如一阶差分、指数和滑动平均等都起源于金融贸易。当然，统计学家最初只是把上述概念运用于一些实证研究，然后逐步应用这些技术处理时间序列，使时间序列更趋向于平稳化。下面重点解析统计学家运用这些概念和统计方法，服务于时间序列分析的具体历史过程。

2.1 差分的历史

作为数学运算的基本工具，差分的历史源远流长，不同时代的人把它运用到不同层面，其最早起源可以追溯到古希腊与我国的天文学，两者都曾运用差分表构造算法，特别是中国的古代历法，差分的应用极其广泛和普遍，1303 年，朱世杰在《四元玉鉴》中使用了"上差""二差""三差"和"下差"等高阶差分。同时，差分与微分密切相连，差分大多处理离散情形，微分处理连续情形，由离散到连续的过渡是一个极其复杂的过程，也是差分、微积分等一系列数学概念发展的历程。莱布尼茨(Gottfried Wilhelm Leibniz，1646~1716)1666 年在其《组合艺术》中考察平方数序列时，引入了一阶差分和二阶差分，而且也正是由此开始，他注意到序列求和与求差之间的互逆关系，并进一步发展了微积分思想。本节重点阐述时间序列分析中差分的关键历史发展，试图探讨近现代数学引入差分并将其数学化的过程。

2.1.1　早期的差分思想

立足于时间序列的视角探究差分思想，其早期发展主要涉及以下三个方面：

(1) 格朗特差分思想的萌芽

如前文所述，早在17世纪，格朗特已有了一阶差分的萌芽思想，但格朗特的主要工具仍然是以除法为基础的三分法，相比而言，以减法作比较的差分方法居于次要地位，因此，格朗特仅仅是开启了差分方法的大门。正是19世纪现代文明的迫切需要推动着更动态、更成熟的思考方法，才逐步引导了更能理解和体现相对于时间变化的一阶差分方法。

(2) 金融期刊中的差分运算

19世纪中叶，商业资本让步于工业资本，而金融资本又使工业资本相形见绌。如果说17世纪的资本主义仅限于三分法和商业贸易，则19世纪的资本主义开始密切关注金融算术，计算和比较数量的增减变化，捕捉价格和产量的变化，并有计划地决定下一步的行动。

当时比较著名的金融期刊主要有《经济学人》《商业和金融年鉴》《统计学者》等，它们的每一期几乎都有数页表格，涉及商品价格、借贷利率、进出口数量以及政府财政等诸多内容，根据表格很容易对这些数值进行直接比较。当然，不同期刊的比较方式略有差异，比如，早期的《经济学人》中，多数表格只显示原始数值，然后用语言文字总结增减变化。1860年，巴杰特(Walter Bagehot, 1826～1877)接手该刊物后，开始添加相对于以前时间的增减变化栏，且增减变化分属两栏，而并非在一栏中利用加减号来表示增减性；著名经济学家纽马奇(William Newmarch，1820～1882)1864年创刊了《经济学人的商业史增刊》，不仅列出了增减栏，而且包含了百分数的变化和价格指数；吉芬(Robert Giffen，1837～1910)编辑的期刊《统计学者》则充分利用了试验平均数、百分数变化和价格指数；《商业和金融年鉴》经历了与《经济学人》类似的发展过程，这也是当时讨论变化的一种常用模式，但该刊物实现了从绝对变化栏向相对变化栏的转变。

需要说明，虽然部分期刊也经常通过表格显示数值的百分数变化，但这一时期的主要比较仍然局限于绝对数值的增加和减少，因此，正是商人对净变化的密切关注和追寻，启发了经济学家简单、朴素的直接比较思想，引导了一阶差分的具体应用。除此之外，银行每周公布的借贷、储蓄和储户数量的变化情况，也是对差分的一个应用，而且在金融领域中占据着重要地位，以至于整个统计学领域也随处可见有关这些金融数据的差分运算。

(3) 描述性统计中的差分思想

19 世纪末 20 世纪初，一些著名的经济学家和统计学家如吉芬、纽马奇、杰文斯、尤尔等，都是身兼多职，同时担任多个期刊《皇家统计学会期刊》《经济学人》的编辑工作，因此，这些期刊经常相互转载、引用对方的文章，不仅引发了金融贸易与数学定量推理的密切关联，而且把政治算术和实证研究也逐步引入到数学领域。因为杰文斯的重要成果是应用指数和滑动平均研究了商品的出口问题，而尤尔发展的变量差分方法更接近于现代数学，所以本阶段的关键人物是吉芬和纽马奇，他们通过自己在皇家统计学会的工作，把对于金融贸易变化的粗糙、简单比较进一步发展，搭建了从金融算术到政治算术的桥梁。

吉芬指出，金融贸易中商人使用的数据大多数是针对于某一专业领域，短期数据较多，而当时存在一种所谓的"政治人"，他们不依赖于抽象的语言和看似巧妙的推理，一切都依靠数字说明，并最终讨论和决定政治政策。政治人基于讨论和决定政治政策的需要，偏重于更具一般性和长期性的统计数据。吉芬细致研究了商人和政治人的区别，虽然他仍然借助于表格讨论一阶差分，但他把数据汇集到更长的序列中，使时间序列数据的长度即时间周期增大，以便于探寻经济变化的真实周期和最佳模式。吉芬迈出的关键一步是把调查结果进一步应用于对政策问题的研究，他试图根据商品平均价格的变动确定市场变化规律，通过对税收和股票交易等金融数据的调查分析经济波动趋势，进而为政策和法规的制定提供理论依据，甚至为皇家委员会处理金融事件提供决策。

纽马奇的最大成就在于把根据金融贸易提炼的理论应用到政治经济学中，又借助于统计学的平台把政治经济反馈到真实生活中。通过对一阶差分和百分数变化的研究，纽马奇总结了自己的经典思想：商业贸易活动中的日常变化(即差分)可以被总结、抽象到人类自然法则中。

必须强调，无论是与皇家统计学会和皇家经济学会交流，还是在其论著中，吉芬和纽马奇都只是借助于简单的表格和文本的描述，而避免使用任何方程、几何图形和数学理论，比较的方式也仅仅限于除法和减法，根本没有逾越三分法，没有涉及平均数的计算以及对平均数的偏差等。因此，以吉芬和纽马奇为标志的政治算术阶段只能属于描述性统计，和以尤尔为代表的严格统计数学之间有着严重的分歧，他们无法理解尤尔的最小二乘回归思想。但无论怎样，这些崭新的差分技术很大程度上鼓舞着金融算术和政治算术的发展，当然，反过来说，这两个领域对差分的使用和讨论，也直接引导着差分进入实证研究阶段。

2.1.2 实证研究中的差分运算

由于一阶差分序列比原始的绝对数值序列更有助于讨论系统变化和分析波动真相，而且其变化值通常比绝对水平值更易于统计处理，因此，对于特别注重科学性的统计学家来说，他们比经济学家和政治人更偏爱差分工具。比如，直接比较不同商品的绝对数量也许毫无意义，于是统计学家通过绝对或相对变化把短期的不相关序列整理成较长期的相关序列，由于减少了趋势和长期变化的影响，差分后的序列更可能在常数均值的一定范围内振荡，更可能趋向于稳定序列，解释波动更为直观和清晰，所以，统计学家更注重强调变化值的作用。英国统计学家和统计史学家克莱因(Judy L. Klein，1951～)在其专著《基于统计视野的时间序列分析史：1662～1938年》中列举了早期经济学和气象学中对差分方法的关键研究，具体内容见表2.1，下面以此为线索，细致探讨实证研究阶段和严格统计理论阶段差分的发展状况。

表 2.1　差分在时间序列分析中的早期应用[①]

时间	研究示例	数据特征	目的
1902	诺顿研究了纽约钱币市场储蓄和贷款中的季节波动	每周数据百分数偏差的一阶差分	在相对时间结构中描述和探究年度数据关系
1904	凯夫研究了成对的对应点处气压的相关性	每周数据的一阶差分	确定天气预报的时间滞后关系
1905	马奇研究了法国银行和重要统计序列的依存性	年度数据的一阶差分	分解、讨论年度变化、决定时间滞后
1905	胡克研究了柏林、芝加哥和利物浦市场谷物价格的相关性	每周数据的一阶差分	探讨较小的、快速变化因素的相关性；决定时间滞后；构建连续序列
1914	安德森和斯图登运用变量差分方法研究价格、工资和死亡率问题	年度数据的一阶差分到 n 阶差分	减少时间因素，探讨随机残差的相关性
1926	尤尔研究了时间序列的序列相关性	每期数据的一阶差分	通过一阶差分序列的正相关识别危险序列
1927	安德森把时间序列分解为时间的函数和随机成分之和	每期数据的一阶差分到 n 阶差分	通过适当阶次的差分，形成平稳序列，以对系统成分进行建模

1. 诺顿的"季节差分"

诺顿(John Norton，1858～1916)是现代统计分析中使用差分序列的第一人，他的博士论文以及在此基础上出版的专著，首先利用一阶差分对1879～1900年纽约钱币市场每周的结余、储蓄和贷款数据进行研究，具体探讨了资金流动和温度之间的季节性关系和偏差，是相对时间结构中经济和气象密切相联系的一种典型情形。他的研究极其复杂，图2.1是每周资金流动波动图的片段，其中的实心上斜线叫做生长轴，为确定结余存款、贷款和对应季节的周期，诺顿首先创建一年内52个周的频率折线等图表，并根据22年内连续记录的每周观察值这样一个绝对时间序列数据，从生长轴出发对序列作出趋势线，根据各自的趋势线计算百分

---

① 表2.1来源于克莱因的文献(Klein J L，1997)[66]，为方便读者阅读，笔者对表格内容进行了翻译。

数偏差，作为真实值和生长轴差分的比率，然后对每周数据值的百分数偏差进行一阶差分，计算偏差的平均周变化，并在相对时间图中进行分析，讨论一阶差分的相关性。在诺顿的相对时间图上，横轴顺次表示某特定年的 52 个周，竖轴表示

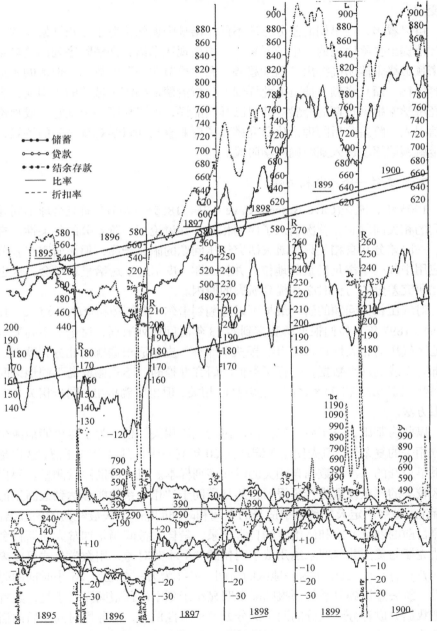

图 2.1　诺顿每周资金流动的波动图片段(Norton J，1902)

增减的数量或相对周的净变化值，这样他在年循环的相对时间结构中把一阶差分重新安排到 52 个样本数据中，在讨论贷款和结余的季节性相关模式时，通过一些代数方法处理数据，采取适当的步骤减少趋势和商业循环的影响，强调典型的季节变化。

可以看出，与早期的差分方法不同，诺顿强调的是对于生长轴偏差的一阶差分，他提出去除序列的"生长元素"，引用现代术语，即消除序列的趋势项。虽然诺顿最终未能明确提出"消除趋势"和"季节差分"的概念，但他的萌芽思想不容忽视。而且诺顿自信，如此详细的分析清楚地揭露了偏差的年周期，也许一些经济学家根据长期的经验对此早已耳熟能详，但诺顿第一个把它形成理论，并确信引入一阶差分后的理论化研究搭建了商业直觉和科学观察之间的桥梁，引导着金融领域逐步进入到精确科学阶段。

2. 凯夫的一阶差分相关性

1905 年，凯夫(Cave-Browne-Cave F. E.，1865～1943)在研究全球不同地区气压间的相关问题时，首次引入了序列相关，并讨论了一阶差分的相关性。有趣的是，一阶差分和自相关只是凯夫研究气压问题的附属产品，但该研究在差分的早期应用中却处于举足轻重的地位，并被卡尔·皮尔逊呈送给皇家学会，这也是我们在研究差分的历史时必须提到凯夫的原因。

对气压相关问题的研究最早可以追溯到卡尔·皮尔逊和李(Alice Lee，1859～1939)。1897 年，他们根据所观察到的 13 年时间序列数据，讨论了不列颠群岛不同地区气压的相关性；1902 年，凯夫和卡尔·皮尔逊根据挪威北方到欧洲、非洲西部海岸线的观察数据，进行了类似的研究并推断：不列颠群岛不同地区间的相关系数位于 0.75 和 0.98 之间，是较高的相关，但也明确指出，同步相关并非最佳预报方法。

以此为基础，三年后，凯夫再次讨论气压相关问题。为了尽可能地减少一阶差分相关的复杂性，凯夫使用不同地区 20 年间一天内的 2 个气压值，这也是历史上最早公开的、涉及数据自相关的时间序列样本。凯夫借助滞后测量，根据不同地区较早的气压读数进行预报，目的是借助于"相关系数能够达到最高正值"这一标准，最终决定天气预报中适当的空间和时间间隔。凯夫最经典的核心结论是，按照目前的度量方式和已给定的日常记录，最佳预报间隔是加拿大新斯科舍省哈利法克斯与美国北卡罗来纳州威尔明顿的 26 小时时差，用数学公式可以表示为 $y_t = f(y_{t-1}) + \varepsilon$，其中 t 为一地区的时间，$t-1$ 为另一个地区 26 小时前的时刻。此后，凯夫意识到夏季的预报间隔要明显小于冬季的预报间隔，于是，她首次提出把数据分成春分到秋分的两个部分处理季节性偏差，倡导用时间滞后内插相关系数曲线，并进一步列表分析了夏季和秋季两个地区不同时间间隔下的相关性，分别作其相关系数图,如图 2.2。凯夫根据对图形和数据的分析,推断得出,如果把全年分成两个季节进行处理,为预报哈利法克斯上午 9 点的气压,在冬季时应该使用威尔明顿前一天上午 10 点左右的气压读数,而夏季时则使用前一天下午 5 点左右的气压读数,即夏季的预报间隔为 16.07 个小时,冬季的预报间隔为 23.22 个小时,为气象学家较灵活地估计最佳间隔提供了基本思路。

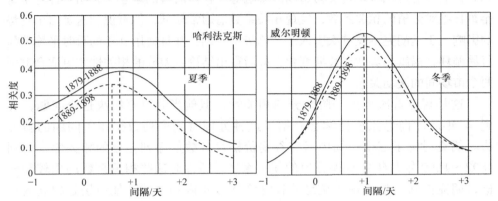

图 2.2 哈利法克斯和威尔明顿的气压相关系数图(Cave-Browne-Cave F E, Pearson K,1904)[408]

因此,凯夫不仅证实了不同地区不同间隔之间气压增减变化的相关性,而且借助一阶差分的相关性解释预报间隔,当然要比绝对数值的相关性高效、准确。同时,为了简捷地估计一阶差分的相关性,凯夫对每一个地区分别展示了连续数天气压的序列相关性,虽然没能清晰地讨论自回归问题,但为统计学家创建自回归随机过程的概念打下了良好的基础,这种时间和空间上关系的结合也正是尤尔构建统计序列自相关公式的主导思想。

3. 马奇的研究

1905 年,马奇(Lucien March,1859~1933)讨论了 1885~1903 年法国银行金银和储蓄等金融序列,以及结婚率、出生率间的相互依赖性,也阐述了序列一阶差分的相关性问题。马奇的研究意义在于,他独立地提出一阶差分的相关可用于刻画非周期变量短期变化的相关问题,第一个较为系统地讨论了序列分解的概念,利用年度数据从年度变化相关的年份中去除不相关的年份,而且根据序列中的年度数量分配净相关、决定时间滞后等。

4. 胡克差分思想的发展

胡克(Reginald Hawthorn Hooker,1867~1944)认为,虽然差分对所有涉及时间的科学分支都非常有效,但由于使用差分可以从缓慢的、长期的变化中,分离出较小的、快速的变化因素，所以差分特别适宜处理经济问题。1901 年，在研究悬而未决的柏林农产品兑换率问题及其对谷物价格的影响时，胡克试图根据柏林、芝加哥和利物浦三个市场内相同的谷物价格，讨论 1897～1899 年德国议会对商品期货市场的延期决定是否会影响到谷物的平均价格和价格的稳定性，以及芝加哥和利物浦市场对柏林现货交易市场的影响等。在对后者的调查中，胡克计算了每年每日绝对数值的相关系数，发现相关系数值通常较低，他意识到这是由于趋势的影响，于是胡克不仅首次引入了"趋势"一词，并且使用 9 年的瞬时平均消除贸易循环，揭露趋势性或长期变化，最后得出结论：差分的相关性才更适合刻画两个市场间的波动关系。

这是胡克首次提出一阶差分的相关性，但他当时没有解决这个问题，直到 4 年后才向皇家统计学会介绍了这种处理时间序列数据相关问题的新方法。胡克讨论了三个市场内所有谷物价格每日数值序列差分的相关性，得到 1892～1899 年每年每日差分值的相关系数。通过对这些相关系数的比较和分析，胡克推断，柏林现货交易的谷物价格 2 年内和全球其他市场是独立的；消除趋势和强调循环的瞬时平均方法只适用于周期性序列，但对每日数值序列不具有明显的效果；当探究具有较大周期的序列间关系时，最合适的检验是绝对数值的相关性，但当试图探究周期性不显著，或周期较短、变化迅速的序列间关系时，或者有个别序列无法保证可以始终观察到其正常值时，差分的相关性则是最有力的处理工具。

至此，胡克利用谷物价格一例说明了一阶差分相关性的应用，斯图登(William Sealy Gosset，1876～1937，图 2.3)(笔名：Student)给予他较高的评价——自从胡克发表了他的论文，那些必须从统计角度处理经济或社会问题的人开始频繁使用差分方法。这标志着一阶差分相关性被普遍接受，金融领域开始广泛使用日变化和周变化等差分方法探究短期变化，社会科学关注的焦点也从绝对数值逐渐转向变化值。

强调一句，这些统计学家在根据实证研究探究差分及相关性问题时，虽然研究时间比较接近，都集中于 20 世纪初，但他们的调查对象不同，研究方法也

图 2.3　斯图登

各有侧重，除了胡克可能注意到了凯夫的研究外，其余应用都是彼此独立的。并且从总体上看，与早期的差分思想相比，本阶段对差分的应用和发展与统计理论联系更密切，更注重科学性。

2.1.3 现代差分理论

1. 变量差分方法的初步形成

1914 年，《生物统计杂志》第 10 卷刊登了标题完全相同的两篇文章，作者分别为斯图登和安德森(Oskar Anderson，1887~1960，图 2.4)，他们分别介绍了各自精心完成的时间序列差分相关方法，核心思想是消除由于时间或空间引发的伪相关。他们的观点是，只有当变量和时间是线性关系时，一阶差分方法才有效。他们试图使用新技术把胡克的差分方法一般化，为此提出把随机变量 x、y 表示成关于时间 t 的多项式与随机残差的和：

$$x = X + bt + ct^2 + dt^3 + \cdots$$
$$y = Y + b't + c't^2 + d't^3 + \cdots$$

其中，X、Y 是随机残差，为了减少时间 t 的分量，并判断随机残差是否相关，只有进行高阶差分，直到对变量 x、y 进行 n 阶差分后得到的相关与进行 $n+1$ 阶差分后得到的相关相等，则 x、y 高阶差分的相关与残差 X、Y 高阶差分的相关相等，从而也和 X、Y 本身的相关相等。

图 2.4 安德森

显然，他们开创了相关的新观点，在统计界引起较大的反响，比阿特丽斯·凯夫(Beatrice Mabel Cave-Browne-Cave，1874~1947)和卡尔·皮尔逊在随后出版的文章中把该方法定义为变量差分相关方法，并通过一些意大利经济序列验证了方法的必要性和可行性。比如，对于烟草指数、税收指数和银行储蓄指数，若直接探究序列本身的真实相关，由于三者都随着时间的增加而连续增加，变量间的有机联系难以琢磨。只有连续进行到 6 阶差分，才可以看到：烟草的消费与税收的关系即便存在也非常微小，但和储蓄却是超强的负相关，似乎这才触及问题的本质。但这样的重复差分是否破坏了事实真相和序列的根本特征？变量差分方法似乎在把所有的数据都清理完毕，直到最后所剩下的全部都是白噪声，如此清理是否过度？这是一个很值得辩论的问题，对它的怀疑始终不绝于耳，其中包括比阿特丽斯·凯夫和卡尔·皮尔逊本人在内。

2. 变量差分方法的发展

众所周知，尤尔首创的线性自回归 AR(2) 模型一直被视为现代时间序列分析的起源，但鲜为人知的是，他开创这一分析方法的起因，正是对上述问题的思索和对无意义相关的困惑。1921 年，在对变量差分方法的评论中，尤尔指出，以凯夫、马奇和胡克为首的一方与以安德森、斯图登、比阿特丽斯·凯夫和卡尔·皮尔逊为首的另一方之间存在着巨大的沟壑。早期的统计学家认为，时间序列相关的困难主要在于不同持续时间振荡的分离问题，而变量差分方法的提倡者认为，变量是时间的函数并和时间相关，时间本身是一个因果因素，但时间相关是"伪相关"，其解决思路是消除所有时间函数的分支，寻求独立残差间的相关性。尤尔对分离随机残差的合理性提出质疑，并证实某些情况下变量差分方法趋向于给定两年振荡的相关。1926 年，尤尔从一串随机序列开始，整理出新序列，并计算其相关系数，最终推证：相关的分布特别依赖于一阶差分的相关性，而不是序列本身的相关性，若一个序列是连接序列，其差分序列也是连接序列，则此类序列正是二元分析中特别易于导致错误推断的危险序列，即产生无意义相关的序列。以此为基础，1927 年，尤尔经过对单摆运动和太阳黑子序列的调和分析，逐渐形成自己的新观点：时间序列的许多问题中，变量不是和时间相关，而是和同一序列中的滞后变量相关，且观察值的差分也是和滞后变量的差分相关。

安德森对变量差分方法的后续发展主要集中于序列分解和识别平稳时间序列。1927 年，安德森指出，变量差分方法只适用于说明一维模型，序列可以分解为确定性部分和随机部分，残差属于随机部分，对序列进行高阶差分，直到其标准差停止变化而收敛于稳定值，通过研究单个序列的标准差，可以识别整个系统的性质。安德森不仅为差分方法打下了坚实的基础，而且为时间序列的分解，乃至沃尔德创建平稳时间序列都提供了思路和线索，这一部分将在后续章节展开详细讨论。

综上所述，经济学与数学联系密切，经济学界的定量运算深刻影响着数学界，19 世纪下半叶，资本主义经济开始关注数据的变化，即一阶差分，这一思想引导着统计学家对差分理论的探索：20 世纪二三十年代，时间序列分析领域的奠基者尤尔和安德森等开始系统探索差分序列的统计性质，尤尔借助一阶差分的相关性讨论了时间序列的无意义相关，安德森利用连续差分方法进行时间序列的分解等；自 70 年代开始，博克斯(George Edward Pelham Box，1919～2013)和詹金斯(Gwilym Meirion Jenkins，1932～1982)更是把差分方法作为转化非平稳线性自回归 ARIMA 模型为平稳自回归 ARMA 模型的核心技术；90 年代，珀曼(Roger Perman，1949～)和拉奥(B. Bhaskara Rao，1939～)根据不同差分阶段残差的性态对序列进行分类。因此，从最初诞生于商业流通，到逐渐成为时间序列分析的重要工具，差分的发展涉及众多领域和诸多关键人物，其三个发展阶段，也是一个从低级到高级、从简单到复杂、从一阶差分到高阶差分、从简单描述到形成严格理论的过程。贯穿差分概念整个发展历程的一条主线是，一阶差分首先在金融算术中被商人、金融家用来观察价格和数量的重大变化，在政治领域中服务于政策问题研究；统计学家在研究一阶差分的相关性时，把差分和图表、几何及定量关系等统计理论相结合，使之成为消除趋势、计算偏差的基本技术，实证研究阶段对差分的使用更注重科学性；变量差分方法的诞生和发展，引导了尤尔开创线性自回归模型以及安德森的高阶差分、序列分解等现代时间序列分析思想，同时也开辟了差分更为广泛的应用。

2.2 指数和滑动平均的历史

　　时间序列分析与金融交易的渊源在差分的历史中已可见一斑，与差分概念非常相似，指数和滑动平均也是起源于金融算术，然后才逐步融入到现代数学与统计学中。指数序列首先诞生于 1797~1819 年银行使用的换算序列，该序列试图在掩盖真实数值的情况下，向议会揭示银行的财富状况；这种对数据的变化处理，同时引导着 1832 年滑动平均算法的首次出现；现代统计学家力求通过实证研究揭示变化情形并由此建立数学模型，其中杰文斯、胡克和坡印亭(John Henry Poynting，1852~1914)等数学家对滑动平均的发展起着先锋作用。本节将以此为主线，探究和梳理指数、滑动平均的发展历程，同时展现这些概念对时间序列分析发展的推动作用。

2.2.1 指数序列的发展

1. 指数概念与起源

　　1969 年，肯德尔(Maurice George Kendall，1907~1983)指出，虽然很早就存在一些关于指数的个别案例，如 1707 年，英国弗利特伍德(William Fleetwood，1656~1723)编制了 39 种物品的价格指数，1738 年，法国学者杜托(Nicolas Dutot，1684~1741)对商品不同时期的单价开始尝试使用简单综合指数法等，但历史上真正应用指数来计算价格的先锋人物是伊夫林(George Shuckburgh-Evelyn，1751~1804)，1798 年，伊夫林利用增值表解释了价格的平均水平和相对水平等概念。肯德尔和费希尔(Irving Fisher，1867~1947)等统计学家尤其关注最早的指数概念能否用来衡量价格，试图建构和应用复合价格指数，但指数未必是复合价格，它们在时间序列中用于表示相对性，或作为进行相对性比较的换算序列。指数换算序列本身的值毫无意义，也没有单位，通常是根据某一基数标准进行相对比较，其核心思想是百分数变化，也称为百分数差分，目前通常把相对差分和利用除法做的比较结合起来进行讨论。

2. 指数换算序列的首次公开

　　1793 年，英法战争再次爆发，英国陷入空前的危机，银行的现金库存量大幅下降，1797 年，银行被迫宣布暂缓所有的现金支付，并请求议会保护。议会立即成立秘密委员会着手调查银行财富状况以及这种极端行为是否得当，为此，银行不得不向秘密委员会提交自己的财富数据，但他们不愿意透露真实数值，而是提交了每季度现金和金银以及每月账单的换算值。这一秘密逐渐被泄露到财经界，同年 10 月，一篇标题为《关于银行财经》的文章公布了金银换算序列和折扣账单，这位泄密的匿名作者对真实值做了猜测，并公布了和换算序列对应的重建序列。尽管作者信息从未被公开，但有人根据可靠的档案资料推测出该作者即优秀的经济学家摩根(William Morgan，1774～1826)，他因为在概率方面的杰出工作而入选皇家学会。在这篇文章中，摩根详细地解释了自己对于神秘数字的破译过程和思路：他根据银行提供的数据，即从 1797 年 2 月 18 日到 25 日现金支付了 600 000 英镑，对应的换算值从 314 降到 210，根据银行所指出的，金银换算序列的均值(即平均水平)为 660 英镑，摩根利用三分法推断出这个实际值是 4 000 000 英镑。他用 6,060 乘以所有的换算值，然后四舍五入到万，从而得到新序列的值。当给定纸币流通、预付给政府的真实值以及现金和金银的重建值之后，摩根用 2 220 乘以换算值并四舍五入到万，从而破译折扣账单中的数字代码。这里只简略介绍了摩根的换算方法，但没有详细展现他的推证过程，比如，为什么用 6 060 和 2 220 乘以换算值等，对这些问题的深入探讨可以参考摩根的原始文献。银行换算序列和数字代码破译的首次公开引起了社会各界的强烈反应，几乎所有人都渴望了解银行的真实财富状况，换算序列和重建序列被同期的各种媒体加以引用，各行各业争相了解，并赞誉摩根的巧妙计算几乎揭露了银行的全部秘密。

　　不容忽视的是，在全部现金支付暂缓时期，需要对不同时期的每一个序列进行比较，但有些比较是银行极力回避的，如纸币量和现金、金银量的比较，以及给政府的存贷量与私人业务存贷量的比较等。为了达到上述目的，也是为了应对议会压力，银行才设计换算序列，试图在公开金银对于时间的变化模式时，避免透露大萧条时期金银的真实数值和减少的绝对数值。他们试图借助这一技术使议会意识到现金减少的严重性，并同意其暂缓进行现金支付的行为，因此，完全可以说，银行的指数换算序列只是用于欺骗民众、掩盖事实真相的一个政治工具。但有趣的是，抛开其真实用意，银行构建的指数换算序列，从数学角度而言，符合相对比较的有效性和绝对数值的无意义之标准，他们的神秘换算，无意中为指数发展贡献了一张重要的序列表，该表格完全忽视了绝对数值，却借助参考基数较好地暗示了相对差分，对指数概念的发展起到了积极的促进作用。

　　3. 财经界对指数序列的继续发展

　　银行的算法逐渐被财经界所识破，众多的经济学家如摩根、图克(Thomas Tooke，1774～1858)、李嘉图(David Ricardo，1772～1823)和威尔逊(James Wilson，1742～1798)等，试图利用定量操作方法揭穿银行的托词，发现操作处理后的序列所掩盖的真实数值，以重建真实序列。比较著名的破译除了摩根的工作之外，1819年，图克也得到了更新后的换算值，并于1829年使用摩根破译法，对这些新换算值发表了重建序列。银行本身也于1810年和1819年使用类似算法更新了现金和金银的换算值，发表了重建序列。但需要说明的是，摩根估计现金和金银原始值的平均误差为968.625英镑，是真实值的18%；而估计折扣账单原始值的误差更小，只有11.359英镑，仅为真实值的0.63%。摩根的方法比银行的方法更为精确，因为银行的处理方法是舍弃小数部分，摩根选择的是四舍五入法，坚持三分法和比率关系，并考虑百分数的变化。他的破译方法，被图克和李嘉图等人进一步发展，他们对于换算序列和原始序列之间的相互转换，采用了更为理性和简洁的算法，并始终保持着百分数变化的一致性，由于四舍五入和三分法是发展指数序列的基本要素，摩根的破译方法不仅日益繁荣，而且具有深刻的意义。

战后的财经局势继续朝着有利于指数序列成长的方向发展，这一时期的代表人物主要有伊夫林、扬(Arthur Young，1741~1820)和洛(Joseph Lowe，1797~1866)，他们使用指数算法评价战争前后纸币流通对于价格的影响等。

2.2.2 "昙花一现"的银行滑动平均

如前所述，即便是对于银行内部人士，银行拥有金银的真实数值也从未被公开，唯一公开的是1797、1810、1819年的换算序列，以及摩根和图克等经济学家据此整理的重建序列。直到1832年，议会任命的秘密委员会才首次公开了不同时期银行拥有金银的真实数值，委员会解释此举是为了议会修订宪章的需要，事实上，自1694年起，议会就开始周期性地利用宪章的修订引导银行行为的改变，1832年，宪章修订的一个主要议题是：公众对于银行的管理事务应该参与到何种程度比较适当？他们是否有权利要求银行定期公开账户？委员会就此问题对社会不同阶层的人士进行调查：多数人认为部分地、有选择性地公开银行账户，有利于其慎重管理、减少损失，增强透明度和民众对于社会的信心；但也有人持完全不同的意见，甚至认为只有完全保密才能避免公众由猜测引发不必要的恐慌，以致出现大量的囤积和牟取暴利现象，这一观点的代表人物是罗思柴尔德(Nathan Meyer Rothschild，1777~1836)和格尼(Samuel Gurney，1786~1856)，他们认为公开账户是危险的计划，是有害的。也有人认为，除了金条和银条的数量之外，其余账户应该全部公开，实际上，对于金条和银条的数量是否应该公开，也存在着诸多分歧：如银行管理者认为银行拥有的金银数量应该是管理事务中的唯一秘密；也有人认为公开金银数量会阻碍银行的行为，引发不稳定因素；但银行的一些上层领导却提出，既然要公开，若刻意隐瞒金银数量，反而会引发公众的误解，导致对国家经济状况的低估。与此同时，委员会担心当较低的财富状态被过度公开时，也许会增加资本家利用银行和普通公众耗尽银行财富的机会。但有人指出，在目前的保密系统下，公众仍会通过不同的途径迅速知晓银行的财富状态，只有完全地、有规律地公开其账户，才能迫使银行按照统一的、确定的规则决定货币流通，进而使银行系统更为完善；作为向秘密委员会提供真实数据的第一人，银行家帕尔默(John Horsley Palmer，1779~1858)的观点较为独特：他本意上并不赞同公开有关金银的任何数字，但却坚持认为，如果必须公开，公开的最好形式则是先前一定阶段的平均值。

面对不同的观点和意见，委员会既没有完全赞成对银行的质疑，也没有让公众精确地了解金银波动的极端情形，而是选择了一种益于银行管理的"恰当"方式，这场公开辩论最终以周期性地公开以往的金银值而结束，但每月公开出版的真实数值是前三个月的平均值，从而诞生了历史上第一个滑动平均序列，其部分结果可以通过图 2.5 显示，图中带空心方块的线表示每个月末金银的真实值，带

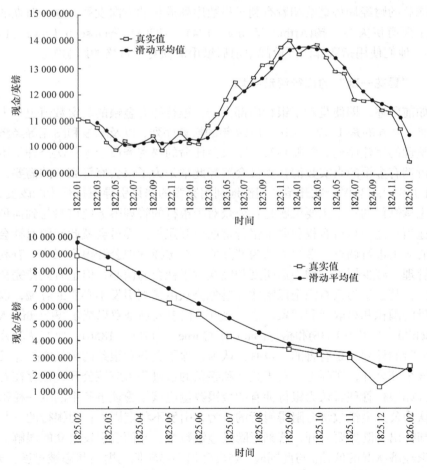

图 2.5 英国银行 1822~1826 年现金的真实值和三个月的滑动平均值(Klein J L，1997)[89]

实心圆点的线表示前三个月的平均值。该图解释了滑动平均的性质，显示了其优势，滑动平均线显然比真实值曲线更光滑，且从未达到真实值的极端情形，在持续降低时也总比实际值要高。如在 1825 年 12 月的大萧条中，当银行财富达到数年来的最低值时，滑动平均值却几乎是真实值的 2 倍，一定程度上来讲，这确实可以混淆民众的视觉，达到银行的掩盖目的。

自此，银行和财经界开始密切关注和利用滑动平均数据，1840 年，威尔逊构建了 1832～1839 年金银数值的滑动平均表，并明确指出，由于每个月都要和另外两个月混合，所以最小和最大的值绝不可能表现出来，故表格中的波动值总比实际波动值小得多。同时，1844 年，经济学家皮尔(Robert Peel，1788～1850)呼吁银行真实账户的公开以及遵守严格的现金率，威尔逊虽然不同意皮尔的后一个观点，但特别赞同"银行的收益应该由其每周的真实状况而不是前三个月的平均值决定"，该决议也为议会中的大多数人所支持，滑动平均序列悄然消失，因此，这一阶段的滑动平均可以用"昙花一现"来形容。

需要说明的是，19 世纪后半叶，银行继续使用和发展"平均系统"，平均系统也是银行每周六发布每周声明的术语，即对过去六天的贷款、储蓄、现金值求总和并除以 6，这些平均当然不是滑动平均，但"平均过程"或"平均系统"确实源于银行实践，而且这些术语正是坡印亭和胡克等人在时间序列分析统计研究中所使用的。

2.2.3 现代滑动平均的发展

克莱因的专著中也列举了滑动平均发展的关键线索，见表 2.2，由此可以看出，现代滑动平均的真正应用要归功于坡印亭、杰文斯和胡克等统计学家，下面以他们的原始文献为根本，探讨这些统计学家对于滑动平均发展的重要作用。

表 2.2 滑动平均应用的关键发展①

时间	研究示例	背景	类型	形式	目的
1832	英国银行的金银值	财政报告	滞后 3 个月的时间序列数据	数据	平滑以减少极端值
1840	威尔逊研究了数年的金银值	商业波动	滞后 3 个月的时间序列数据	表格	平滑
1877	坡印亭研究了醉酒问题	社会政策	按横截面进行排序的 20 个中心城镇	图形	平滑以缩减差分
1878	杰文斯研究了从英国到印度的出口问题	气象学和商业波动	3 年的中心化时间序列数据	半对数图	平滑以凸显十年周期

---

① 表 2.2 来源于克莱因的文献(Klein J L，1997)[93]，为方便读者阅读，笔者对表格内容进行了翻译。

续表

时间	研究示例	背景	类型	形式	目的
1883	斯图尔特研究了磁力问题	气象学	4周的中心化时间序列数据	表格	平滑以减少不规则成分
1884	坡印亭研究了农作物价格	气象学和商业波动	4年的中心化数据作为10年的百分比	图形	偏差的相关性,凸显周期
1901	胡克研究了贸易循环和结婚率	政治经济	9年的中心化时间序列数据	方程	偏差的相关性,减小趋势特征
1926	尤尔研究了危险序列	时间序列	滞后11项的随机数据	图形,方程	模拟以生成差分相关的序列
1927	斯卢茨基基于随机序列生成周期	循环过程	滞后10项等随机数据	图形,方程	模拟以形成循环过程
1938	沃尔德研究了小麦价格和相关图	时间过程	滞后5年等时间序列数据	方程	平稳序列建模

1. 坡印亭的首次应用

发展滑动平均的一个关键人物是坡印亭,他的两篇研究文献分别发表于1877年和1884年。其中,1877年他首次应用滑动平均研究醉酒问题,利用的数据是1875年对英格兰和威尔士71个城镇的观察结果,借助于酒吧占人口的比例、醉酒人数占人口的比例,以及相比前十年人口增加的百分数等三个变量,研究了酒吧占人口比例从最小到最大的几乎所有城镇,使用滑动平均的刻度方法建构曲线:选取前20个城镇因醉酒而被拘捕人数的均值,在图表上标记出相对于这20个城镇的中间位置,其高度代表上述均值;然后,选取从第2到21个城镇的均值,类似地做标记表示均值,以此类推,直到数据用完为止。图2.6中的3条曲线分别表示上述三个变量,坡印亭对该问题的研究比较简单,它不仅没有考虑不同城市间的治安规章和其他差异,而且没有深入地进行定量分析,仅仅依靠对图形的直觉观察和比较,就推断得出:城镇中的酒吧越少,则醉酒的人越多。因此,该研究当时并未引起太大的反响,以致尽管他的这项研究要比杰文斯还早一年,但基本上还是认定杰文斯是第一个把滑动平均应用于社会科学的领军人物。

2. 杰文斯的突破发展

银行指数换算序列和摩根的破译虽然直接促进了指数和滑动平均的发展,但它们遗留给统计学的最大财富却是观念的转变,即关注的焦点由绝对水平转化为相对变化,当汇总绝对数值没有实际意义时,调查者可以考虑借助指数度量相对变化以解决问题。这一思想引领着杰文斯完成了指数和滑动平均从金融、政治算

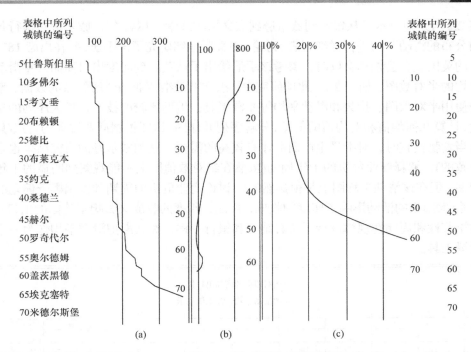

图 2.6　坡印亭解释酒吧数量与醉酒拘捕人数颠倒关系的平滑曲线图(Poynting J H，1920)[501]

(a) 酒吧占英格兰和威尔士 20,000 个及以上所有城镇中人口的比例表(Fortnightly Review, 1877 年 2 月). 时间截止到 1875 年 9 月；(b) 一年内醉酒拘捕人数占人口的比例表(到 1875 年 9 月 25 日为止)；(c) 1861～1871 年各城镇人口增加的百分数表。以 20 为单位对城镇进行分组得到曲线。

术到社会科学的过渡，他进一步系统发展和使用现代指数，调查和解释复合价格指数的统计性质。比如 1863 年研究黄金的变化值时，杰文斯认为，对于 1 吨铁和 1 夸特谷物(夸特是一种谷物计量单位，相当于 1/4 吨)，若直接计算其价格 6 英镑和 3 英镑的平均值，也许无法发现它们之间的任何关系，但若度量其价格的相对变化，则比率 100∶150 和 100∶120 属于同类数值，只是数量不同而已，对这些比值取平均和变化率，可以把不同类或不同变量的数值转化为能够比较的同类。对变化率的这种关注指引着杰文斯等把统计目标定位于每年的百分数变化，并对不同序列中的情形进行比较。同时，经济学家鲍利(Arthur Lyon Bowley，1869～1957)1895 年研究工资问题时，也发展完善了比较的概念，他根据不同地区、不同职业和不同时间的大量工资数据，从杂乱无章的情形中建构了连续指数序列，联系这一链条的关键正是变化率。到此为止，指数的发展已经完全偏离了银行的初衷，而主要应用于不同序列中百分数变化间的比较。

　　除了建构指数序列、为理解复合价格指数奠定基础之外，杰文斯也是最早使用时间序列滑动平均探寻基本规律的调查者之一，引导着滑动平均的深入发展。

表 2.2 清楚地显示了从银行到威尔逊到杰文斯的线索，1840 年，威尔逊对银行每周公布的滑动平均进行详细列表、讨论，杰文斯仔细研究了该手册，并在出席 1878 年的英国联合会柏林会议时，参考该手册给出了从英国到印度出口商品三年滑动平均的半对数图，如图 2.7。此项研究中，杰文斯采纳商业和金融领域的数据，率先使用半对数图、指数和滑动平均等光滑工具，借助比较的技术，扩大序列的长度，计算几何均值和对均值的偏差，分解序列并作图，试图根据商业波动的特点(只有当食物便宜时，对批量生产商品才有较高的需要，这和威尔逊的研究结果也是一致的)，解释商业危机的十年周期(虽然在绝对数值图上不能观察到明显的十年周期，但在该滑动平均图上是很显然的)，讨论商业危机的周期和太阳黑子偏差的联系(太阳系的活动影响了印度的收成，反之，印度的收成又影响了英国的出口)，对季节性和周期性规律进行系统总结。和银行一样，杰文斯把滑动平均作为一个光滑工具。

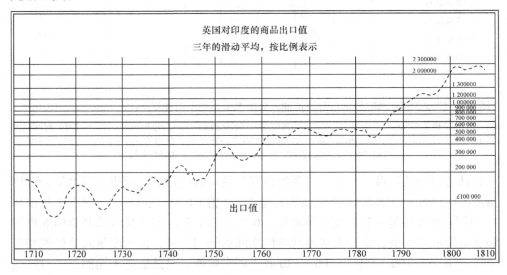

图 2.7   杰文斯出口商品的滑动平均半对数图(Jevons W S，1884)[219]

3. 对磁力问题的研究

通常认为 1833 年银行对于金银的公开是历史上最早的滑动平均例子，但一些技术人员也早已利用类似的算法进行曲线平滑和测量误差的处理等，只是他们并没有概率理论作为指导。比如，滑动平均经常被应用于根据数据构成函数的刻度方法，由此所得到的光滑曲线，与通过最小二乘法得到的拟合曲线有一定的相似，但却密切联系着机械制图的传统实践，其中颇具影响力的例子是时间序列逐步内插法，用于调查地球磁力时间上和全球性的变差问题。有趣的是，十九世纪七八十年代使用滑动平均算法的一些先锋人物如杰文斯、坡印亭等，以及德国物理学家斯图尔特(Balfour Stewart，1828～1887)都曾于不同的时期在欧文斯学院工作，并分别研究了地球磁力技术。1836年，高斯(Carl Friedrich Gauss，1777～1855)和韦伯(Wilhelm Eduard Weber，1804～1891)使用逐步内插法指导了有关地球磁力的国际研究项目。

为了配合高斯、韦伯对观察值的处理，一些国际合作者通过一定的技术手段，于1月、3月、5月、7月、9月和11月的最后一个星期六，在正午完全相同的同一时刻，每5分钟观察一次磁力下降，这种同步观察的新方法特别需要插值法。因为敏感性差、精确度低的旧针很容易停止移动，而19世纪30年代最好的仪器似乎也避免不了振动，观察者只有耐心地等到其他时刻再记录测量值，为了处理观察时刻和磁针平衡位置缺少相关的问题，高斯、韦伯建议对指定的时刻前后所观察到的测量值进行插值，有学者曾按照这种方式于1836年8月17日15时30分得到了867.16的测量值，此处重在强调这种插值方法的意义，不再细述该值的具体诞生过程和插值方法。

严格地说，这种算法与典型滑动平均的应用存在着一定的区别，而且仅限于对两周期的滑动平均才能使用该方法，但逐步平均和间接测量却产生了直接观察所不能得到的有效数值。

4. 坡印亭的关键研究

坡印亭在滑动平均历史发展中的重要影响来自于他的第二项研究。1884年，为调查同样的气象条件在全世界引起农作物生产同步变化的可能性，坡印亭在比较小麦的价格与棉花、丝绸等农作物出口间的波动关系时，不仅弥补了1877年的缺憾，引入了"平均过程""瞬时平均"和"滑动平均"等基本概念，而且更加关注时序图和对瞬时平均的偏差等。坡印亭开始真正使用滑动平均代替通常的平均方法，在根据十年一组的数据计算平均时，他依次取讨论中的每一年作为其中的第五年，直到把数据逐个用完，最后形成瞬时平均的新序列。坡印亭不仅直观解释了价格和农作物出口的波动，而且通过图形的比较，进一步阐述了关系的本质。同时，坡印亭把4年滑动平均作为10年滑动平均的百分数建构新序列，以尽可能地减少战争或商业等因素对波动的影响而显示其真实的统计关系。概言之，坡印亭根据自己定义的平均过程，把滑动平均作为参考均值，从中计算瞬时平均的偏差，并且使之成为时间序列的分解工具，最终通过对价格和进口曲线的比较，推断指出，由全球共同气象条件引发的农作物波动极其相似。

可以明确的是，虽然坡印亭在该研究中没有使用银行的金银数值，但他确实使用了同时期银行的其他数据，并且意识到了银行的算法和杰文斯对于滑动平均的使用，而且特别有趣的是，尽管坡印亭从未在论文中提到过杰文斯，但有一个不容忽视的事实：当坡印亭向皇家统计学会提交论文之后，杰文斯的工作才逐渐出现在皇家统计学会的讨论中。坡印亭的研究意义重大，他把应用于试验的光滑算法和源于银行的数据光滑处理方法有机地相结合，1921年尤尔和1941年戴维斯(Harold Davis，1894~1960)在各自对于时间序列的主要研究中，都把1884年坡印亭递交给皇家统计学会的统计调查，作为最早对于时间序列关系的探讨以及实证研究和数学化统计的关键阶段。而且值得一提的是，尽管坡印亭的研究几乎都立足于皇家学会或皇家统计学会，这种过于制度化的起点也许忽略了一些关于技术和实践的丰富历史，但这种情况并未削弱坡印亭在滑动平均历史发展上的重要地位。坡印亭1884年的研究在皇家统计学会引起热烈的反响，文章后面所附的讨论记录几乎与正文同等篇幅，有人批评坡印亭的数学太复杂，有人则认为他已经远离数学，还有人提出，"平均"这个概念的含义到底是什么，并指出，经济实践的平均系统与数学意义上的平均也许是完全不同的。正是这种众说纷纭、观点各异的讨论和探究，推动着概念和方法的进一步发展与完善。

5. 胡克的偏差思想

利用平均方法处理数据可以减少不规则或极端波动情形，但却引起了部分甚至是全部几何形式的缺失。为了解决这个问题，19世纪晚期的统计方法更加关注偏差问题，其中，胡克的思想具有一定的代表性。

1901年，胡克在研究结婚率和贸易的相关时，首先指出，运用相关理论解释经济现象的主要困难在于：经济现象中包含了时间因素，并且变量间是否存在因果关系只能通过相关系数的高低来判断，但很多现象不能完全通过单一原因来解释，特别是某些经济现象，其真实状态由许多具体原因决定，相关系数会受到不同原因的影响，而一个原因影响两种现象的情形往往被掩盖和忽略。为了解释和验证自己的上述思想，胡克根据1861~1895年结婚率和英国、爱尔兰产品出口值的原始数据，计算出其相关系数为0.18，根据如此低的系数值，可以说两者间没有任何有意义的相关关系，但胡克通过图形显示了两者之间波动的密切相关。对此，胡克的解释是，该相关不是绝对数值的相关，而是振荡间的相关，需要把时间序列数据分解到由具体原因决定的独立情形。为此，胡克对于具体时刻的瞬时平均计算偏差，而不是针对整个周期的平均计算偏差，并把这条代表连续瞬时平均的曲线定义为趋势。由于1857~1900年英国的进出口贸易数据中，平均大约每9年出现一次局部最大值，于是他把9年作为一个周期计算瞬动平均和趋势，最终借助滑动平均工具找到贸易出口和婚姻的相关系数为0.80，这正是该周期现象的有意义相关系数。胡克的特别之处在于抓住了趋势线的振荡，对趋势的偏差讨论相关问题，因此，胡克证实了，光滑只是建构解析形式过程中的一个基本步骤，研究人员应该谨慎地选取平均区间，即光滑中的步数，尽可能地减少周期性等的影响，使消除趋势后的序列具有平稳特征，即通过平均过程，把波动转化为振荡和偏差，尤尔称此技术为时间相关问题，它源于更早的图表算法和财经报道。胡克的研究不仅证实了光滑过程本身的重要性，而且认定了：作为与建构均值形式一致的重要工具，光滑技术在均值和偏差的科学中占有一定的重要地位。

值得一提的是，滑动平均也有它的不足之处，比如，当应用滑动平均分析周期波动时，它在不同情形可能会消除周期、产生趋势线，从而导致在原始数据并不存在周期的情形下却产生了周期，尤尔称之为伪周期。这其实就牵涉到滑动平均的后续发展，正如我们在表 2.2 中所看到的，1926 年，尤尔根据随机扰动的滑动平均研究变量差分方法；1927 年，斯卢茨基(Eugen Slutzky，1880～1948)把随机扰动的滑动平均视为循环经济过程的真实模型，他们的研究证实：利用滑动平均可以根据随机变量序列建构以循环或相关差分为特征的新序列。1938 年，沃尔德不仅把滑动平均作为真实过程的一种模型，而且还遵从他的老师克拉默(Harald Cramer，1893～1985)的建议，在对随机变量滑动平均的讨论中建构了相关图，并认定滑动平均的相关图与那些建立在经济序列中的相关图相似，对这些已融入现行时间序列领域的概念发展历程将在后续章节中另行论述。

综上所述，在现代统计学家的鼓舞下，曾经作为银行欺骗技术的滑动平均不仅逐渐成为皇家统计学会搞清事实真相的技术方式，而且逐渐成为处理经济问题的理论模型和经济学家处理有关数据的工具。滑动平均还曾作为光滑技术产生平稳随机过程，以及被经济学家用于识别随机经济振荡模型，虽然其发展已经完全脱离了最初的轨道，但却更具有现实意义。

最后，需要补充和说明的一点是，在回归分析或谱分析这些现代技术工具出现之前，早期的统计学家还经常使用相对时间结构和绝对时间结构等概念，其中，在绝对时间结构中，时间序列数据点和固定日期相对应，与此完全相反，在相对时间结构中，每个数据点对应着序列中的一个位置，其主要作用是把时间序列数据重新构建到可以被视为截痕的样本中，从而把初始序列转化为与循环、偏差相联系的均值序列。杰文斯曾经利用该工具成功地完成了对季节偏差和循环性的研究，1862 年，在呈送给剑桥英国联合会的周期性商业波动调查中，杰文斯指出，自己的主要任务是把粗糙的商业比较发展到科学地处理波动，而完成这个任务的商业分析工具正是组织时间序列数据的相对时间结构。比如，商人根据经验可以判断某周或某月的平均价格或贸易量，甚至一年中平均数值的季节性偏差等，对于这些形式不一的简单结论，财经工作者创建数据表进行季节性比较，如对当前每周产量的价格和数量与前一年中同一周的价格和数量值进行比较，甚至借助矩阵更精细地刻画较复杂的时间序列数据，通常采取行代表周、列代表年的形式，通过对表格的轻松浏览即能轻易地识别一些关键数值。这种由时间序列数据组合成的观察矩阵，正是杰文斯利用相对时间结构进行统计研究的核心思想。但这种对数字列表重新排列以捕捉信息的思路，不仅出现在金融技术中，在其他科学分支中也早已被广泛使用，比如，1827年，拉普拉斯(Pierre-Simon marquis de Laplace，1749~1827)在研究大气压的日常变化时，即利用了这种类似的方法。19世纪，凯特勒(Lambert Adolphe Jacques Quetelet，1796~1874)、鲍迪奇(Henry Pickering Bowditch，1840~1911)、高尔顿等生物学家也充分比较了经济、气象学的有关数据与截痕数据的相对时间结构，高尔顿和卡尔·皮尔逊的回归分析中也包含着相关内容。因此，该概念涉及层面复杂，与时间序列分支的渊源关系相对薄弱，本书不再专门展开对其历史的研讨。

时间序列分析旨在从系统模式或行为中分离出随机白噪声，其目标是通过分析数据，最终发现序列的真实过程或现象特征，如平稳性水平、季节性规律、振幅、频率和相位等，其中，振幅、频率和相位属于时间序列的频域性质，对它们的研究也常称为频域分析或谱分析。频域分析方法作为备受关注、影响广泛的时间序列分析两大方法之一，是一种非常实用的纵向数据分析方法，在电力工程、通信工程、生物医学、天文学、海洋学、地球物理学、声学和气象学等诸多领域有着广泛的应用。比如，通信理论家通过谱概念，借助线性或非线性工具，分析信号或白噪声等随机过程；谱分析不仅是分析时间序列物理结构的基本工具，还可以用来确定随机运动的线性动力系统行为、确定控制系统的特征，甚至用于输送或检测信号、模拟时间序列等；在无线电传播和分类记录大脑波等研究中，也离不开谱分析的理论，尤其是随着数字计算机的快速发展，工作量大大缩减，谱方法更加切实可行。

纵观谱概念的理论基础和历史发展过程，容易看出，它与物理学的联系非常密切，两者的渊源关系由来已久，物理学中常用余弦曲线方程 $A\cos(\omega t+\phi)$ 表示系统的振动，其中，A 为曲线的振幅，ω 为频率，ϕ 为相位，$T=\dfrac{1}{\omega}$ 为余弦波动的周期。而时间序列分析的早期工作者为了解释序列逐项间的相关性，通常假设任何一种无趋势的序列 $X(t)$ 都可以分解成若干个振幅、频率和相位互不相同的正、余弦波的叠加：

$$X(t)=m(t)+\varepsilon_t$$

其中，$m(t)=\displaystyle\sum_{j=1}^{q}A_j\cos(\omega_j t+\phi_j)$，波动 ε_t 是均值为 0、方差 δ^2 未知的独立同分布正态白噪声序列，从而可借助傅里叶分析从频率等角度去揭示时间序列的规律。这种把时间序列分解到正、余弦成分的理论，同时体现了时间序列与频谱分析和物理理论的关系，它们之间的桥梁由傅里叶变换 $S(\omega)=\displaystyle\int_{-\infty}^{+\infty}\mathrm{e}^{-it\omega}X(t)\mathrm{d}t$ 搭建，因此，时间序列的频域发展首先起源于法国数学家傅里叶(Jean Baptiste Joseph Fourier，1768～1830)。1807 年，傅里叶宣称"任何级数可以用正、余弦项之和逼近"的思想，该思想被德国学者舒斯特(Arthur Schuster，1851～1934)等进一步发展，并用于创建周期图方法，从而开启了时间序列频域分析方法的应用，本章将对这一发展历程展开讨论和分析。

3.1 傅里叶级数的理论发展

傅里叶级数的建立大致可以分为三个阶段。

第一阶段，把一个常数展开为余弦级数：1804年，傅里叶在讨论"边界和一端保持固定温度的半无穷矩形薄片"问题时，就首次把三角展开式应用于热理论，通过建立热传导方程

$$\frac{d^2v}{dx^2} + \frac{d^2v}{dy^2} = 0, \quad v\left(x, \pm\frac{\pi}{2}\right) = 0, v(0, y) = 1 \tag{3.1}$$

利用变量分离方法，依据"简单模式叠加起来形成一般解"的基本思路，借助纯代数的方式把常数 $\frac{\pi}{4}$ 展开为余弦级数，并确定了余弦展开式中各项的系数，最终得到

$$\frac{\pi}{4} = \cos y - \frac{1}{3}\cos 3y + \frac{1}{5}\cos 5y - \frac{1}{7}\cos 7y + \frac{1}{9}\cos 9y - \cdots$$

而且构造了方程(3.1)式的一般解

$$\frac{1}{4}\pi v = e^{-x}\cos y - \frac{1}{3}e^{-3x}\cos 3y + \frac{1}{5}e^{-5x}\cos 5y - \frac{1}{7}e^{-7x}\cos 7y + \cdots$$

第二阶段，把 $[0, \pi]$ 上的任意函数展开为正弦级数：为了把上述常数展开为余弦级数的成果与方法推广到一般情形，傅里叶从奇函数入手，利用消元求解无穷维线性方程组的思路，率先解决了无穷可微奇函数的三角展开式问题，并将其扩展到任意可微函数的正弦级数展开式

$$\frac{1}{2}\pi f(x) = \sin x\int_0^\pi f(x)\sin x\,dx + \sin 2x\int_0^\pi f(x)\sin 2x\,dx + \cdots$$
$$+ \sin kx\int_0^\pi f(x)\sin kx\,dx + \cdots \tag{3.2}$$

随后利用三角函数系的正交性，重新确定了上述展开式中的系数，方法更加简单易行。

第三阶段，把 $[-\pi, \pi]$ 上的任意函数展开为正弦、余弦级数：当把函数成功地展开为正弦级数后，傅里叶接着思考如何把函数展开为余弦级数，它一方面再次利用三角函数的正交性，同时又借助于奇偶函数的关系，根据(3.2)式得到任意函数 $f(x)$ 的展开式

$$\pi f(x) = \frac{1}{2} \int_{-\pi}^{\pi} f(x) \, \mathrm{d}x + \cos x \int_{-\pi}^{\pi} f(x) \cos x \, \mathrm{d}x + \cdots + \cos kx \int_{-\pi}^{\pi} f(x) \cos kx \, \mathrm{d}x + \cdots$$

$$+ \sin x \int_{-\pi}^{\pi} f(x) \sin x \, \mathrm{d}x + \cdots + \sin kx \int_{-\pi}^{\pi} f(x) \sin kx \, \mathrm{d}x + \cdots$$

(3.3)

关于傅里叶级数的理论，包括傅里叶级数的起源背景、傅里叶成功的原因，以及他如何受到毕奥(Jean Baptiste Biot，1774~1862)等人的影响和傅里叶级数对物理、数学的巨大影响等，学界已有比较详细的讨论，本书不再赘述。此处希望进一步引申的是，随着傅里叶级数的理论发展，时间序列领域也把任何序列 $X(t)$ 展开成无限逼近于该序列的正、余弦项之和

$$X(t) = \sum_{i=1}^{\infty} a_i \cos \frac{2\pi t}{T} i + \sum_{j=1}^{\infty} b_j \sin \frac{2\pi t}{T} j$$

其中，傅里叶系数 a_i 和 b_i 可通过定积分

$$a_i = \frac{2}{T} \int_0^T X(t) \cos \frac{2\pi t}{T} \mathrm{d}t, \qquad b_i = \frac{2}{T} \int_0^T X(t) \sin \frac{2\pi t}{T} \mathrm{d}t$$

进行计算。

如此看来，根据傅里叶级数展开式可以很容易地识别时间序列的特征，或预测其将来的值，但实际上却存在着许多问题，如包含正弦、余弦项的数量，如何指定周期 T 的值，如何估计定积分等。当然，最大的困难还在于，傅里叶级数认为时间序列是确定性的，其展开式不能容忍白噪声的存在，即便是白噪声 $\varepsilon_t = 0$ 的状态，也不属于傅里叶级数和傅里叶积分理论能够处理的类型。这是一个很大的缺憾，因为在社会科学或工程学中，没有白噪声的序列几乎不存在，这样的事实差点葬送了傅里叶级数应用于时间序列分析的前程，幸运的是，科学在发展，数学理论也在不断地深化，傅里叶级数的理论和思想被舒斯特等数学物理学家使用并扩展，从而得以在频域分析中发挥了重大作用。

3.2 舒斯特创建周期图方法

自 19 世纪初,甚至更早时间,周期问题已经是人们关注较多的一个焦点问题,许多天文学家和数学家开始试图探求，在一定的自然现象中是否存在共同周期？如果周期存在，其长度又是多少？比如，他们调查太阳黑子运动的偏差及其对磁力现象的影响等问题，发现了太阳黑子可能有 11 年周期，以及其他或长或短的可能周期等，这也是一个若干年来经久不衰的研究议题，当然，对太阳黑子等周期问题的研究反过来也一定程度上促进着研究方法的巨大进展。当时比较流行的一个基本思路是：首先把数据分成一定数量的"子群"，其长度比预先认定的周期长度稍长一点，计算所有子群第一个元素的均值，依次是第二个元素的均值、第

三个元素的均值……直到最后一个元素的均值,计算已有均值对整体均值的偏差;第二步,假定周期长度比预先认定的周期长度稍短一些,重复上述步骤,然后,再假定周期长度比预先认定的周期长度稍长一些……利用同样的过程寻找两种情况下已计算均值对整体均值的偏差;最后,对这些偏差作散点图,最大的偏差即与周期的真实长度对应。这样的工作显然费时费力,为此,斯托克斯(George Gabriel Stokes,1819~1903)建议,利用傅里叶级数分析数据,计算傅里叶系数并对它们的平方和作点图。由于 a_i、b_i 对应于不同的时间段,则使得平方和 $c_i^2 = a_i^2 + b_i^2$ 达到最大的 a_i、b_i 将与周期的真实长度对应。尽管这一建议未能过多地缩减工作量,却为舒斯特检测和估计时间序列隐周期提供了很好的思路和线索。本节以舒斯特的教育及研究背景为出发点,立足于其经典的原始文献及其相关研究文献,再现舒斯特周期图方法的思想精髓和发展历程。

3.2.1　舒斯特生平与研究背景

图 3.1　舒斯特

　　舒斯特(图 3.1)家境富裕,从小就受到良好的教育,在德国本土完成早期教育后,16 岁被送到日内瓦系统学习法语、物理、化学和天文学等,两年后进入其父亲在英国曼彻斯特的公司,如此丰富的经历使舒斯特全面掌握了欧洲的三种主要语言——德语、法语和英语。但让他父亲非常遗憾的是,舒斯特对商业不感兴趣,而乐于参加欧文斯学院的业余课程学习,并申请成为该学院的全日制学生,在物理学家斯图尔特的指导下学习了一年,随后到海德堡在基尔霍夫(Gustav Robert Kirchhoff,1824~1887)指导下获得博士学位。此时,欧文斯学院已有了斯图尔特任物理教授的简陋实验室,舒斯特成为义务工作者;1881 年舒斯特申请到该学院应用数学的教授职位,但更多从事物理研究;1888 年接替老师斯图尔特任物理教授,直到 1907 年退休。舒斯特一生钟爱教育事业,社会工作与科学研究并重,研究领域极其广泛,尽管出版著作和发表论文数量不多,却为许多方向奠定了基础,如谱分析、周期的数学理论、地球磁力问题、地震学、气象学、光学、太阳物理学、气体发电和麦克斯韦(James Clerk Maxwell,1831~1879)的电磁理论等,曾任皇家学会的秘书、副主席等职,1920 年被封为爵士。本书无意于探究舒斯特科学研究的方方面面,重在说明其丰富的科学思想为周期图方法提供的良好基础和学术背景。

　　谱分析是舒斯特最重要的研究方向之一,他从学生时代起就很感兴趣,1872年,舒斯特 21 岁时就发表了关于"氮气谱函数"的第一篇论文,并为此多次参与、组织日食考察，在第三次探险中还首次成功拍摄到日冕谱(日冕是指太阳大气的最外层，厚度达几百万千米以上，温度有 100 万摄氏度，可人为地分成内冕、中冕和外冕 3 层)。也正是对谱分析的研究，引导着舒斯特借助分光镜对经过太空的不规则脉冲进行傅里叶分析，并指引他逐步提出了自己与众不同的见解：白光由不规则扰动组成，分光镜把不规则脉冲分解成特定波长的规则光束，其作用与傅里叶分析完全类似，因此，通过计算可以判断不规则扰动中包含的简单周期。这一思想完全颠覆了当时的普遍观点——白光由一束波长不一的单色光线组成。舒斯特开始探讨周期问题，并敏锐地提出，周期问题的关键在于确定一些周期究竟是真实周期还是偶然巧合的结果。舒斯特认为，借鉴谱分析的思想方法，可以通过计算去探究周期及振幅，他的主要观点是：若所有周期的振幅相似，则没有显著的周期，正如白光谱中没有其他特别色彩；反之，若存在真实周期，则这些周期的振幅将明显高于邻近的振幅值，正如彩色光谱较为突出一样。1898 年，在研究地球物理与经济数据的隐藏周期时，舒斯特首次描述了实现上述思想的数学方法，提出了周期图概念；1906 年前后开始运用傅里叶展开式，创建周期图方法检测太阳黑子隐周期，估计隐周期的长度，并借助概率理论区分真伪周期；1911 年，利用后期资料再次对前文的结论和数据进行检验。因此，舒斯特对周期问题的研究基本上可以分为三个阶段，其中，第一阶段属于基础铺垫，主要指明了欲解决的问题和大致思路；第二阶段具体、细致地创建了周期图方法，并利用该方法成功地解决了太阳黑子的周期问题；第三阶段属于后续研究和检验。下面将以此为主线，分析周期图方法的来龙去脉。

3.2.2 基础知识解析

所谓周期图，是指周期变异强度图，由两个与所假定周期对应的傅里叶系数之平方和确定，用现代关系式可记为 $I(f_i) = \dfrac{N}{2}(a_i^2 + b_i^2)$，其中，$N$ 为观测值个数，a_i、b_i 为傅里叶系数，$I(f_i)$ 也称为在频率 f_i 处的强度，表示可用频谱分析的扰动带给能量图的任何规则或不规则变化。

在讨论太阳黑子周期前，舒斯特首先强调周期图方法的重要性：当周期被假定为较短的时间段，且必须分离出真实的周期时，周期图方法是唯一可给出确定性结果的方法。然后，舒斯特特别注明所用数据的来源：若周期超过 3 年以上，主要借助于 1750~1900 年沃尔夫太阳黑子月度数据序列(a)，该序列以太阳黑子和农作物收成的相互影响为基础；若周期超过 4、5 年，则使用太阳物理协会收集和公布的 1832~1900 年太阳会合旋转数据序列(b)；而对于较短的周期，则使用格林尼治 1883~1902 年的日测量数据序列(c)。当然，舒斯特也充分利用太阳黑子领域的其他数据，以形成完整的太阳黑子变异性周期图，用于讨论太阳黑子的频率变化及相关问题。

在这篇只有短短 5 页的预备知识中，舒斯特重点分析指出，结果正如所料，1750～1900 年的周期图显示了 11 年周期的主要特征，但分析过程也展现了把整个 150 年间隔分成两部分，然后逐个调查的可能性和必要性，其分析结果却完全出乎意料：初看起来，这两条曲线彼此没有任何相似，似乎各自解释了两个完全不同的现象。第一阶段(1750～1825 年)虽然存在 11 年周期但强度很小，被其余两个周期 13.75、9.25 年压倒；第二阶段(1826～1900 年)的周期约为 11.12 年。为探究问题的原因，舒斯特首先排除对周期图方法本身和观察数据不可信的怀疑，比如，由于周期图方法特别适合于调查行星布局，对木星、金星和水星等行星的旋转周期进行追踪调查后，解除了对周期图方法本身的怀疑；根据周期 4.81 年与 1825 年前后的沃尔夫太阳黑子数有良好的一致性，表明太阳黑子领域的直接测量效果较好，解除了对观察数据不可信的怀疑。然后，舒斯特对所观察到的周期时间 5.625、3.78、2.69 年增加强度，分别乘以系数 2、3、4，则得到 11.25、11.34、10.76 年的周期，从而推断出上述周期更有可能只是 11 年周期的子周期。而周期图所清晰显示的周期时间 4.38 年，在 1750 年前并未出现，只是通过最后 70 年的沃尔夫序列有所显示，它的真实存在令人怀疑。

在随后对文章的修改注释中，舒斯特根据序列(b)中的年太阳黑子平均数表格，从每年中减去 11 年循环的平均值，则得到消除了 11 年周期的太阳黑子变量序列，所显示的周期间隔是 9 年或 8 年。而以总体间隔为基础的周期图，显示的周期最大值是 8.25 年，如果暂时接受该周期，则根据第一阶段，可预测第二阶段的最大值，周期最大值集中的时间与所观察到的时间几乎完全一致，再兼顾到相位的转换，两阶段的精确周期时间似乎是 8.38 年，舒斯特从真实周期与高阶调和的对应，以及虚构周期和周期强度的关系等角度进一步解释和证实了该周期。在寻找新周期以及通常认定的 11 年周期时间时，舒斯特推断：当最大值时间随着天文学现象准确出现时，活动强度发生巨大变异，这一结论解释了太阳黑子连续循环中所观察到的巨大不规则性。而对于第一间隔而言，虽然其相位与 1826 年后观察到的 11 年循环的相位吻合较好，但由于这个阶段内 11 年周期几乎不存在，所以对周期图并未产生任何影响。虽然通过周期图直接否定了在较长时间段内持续的固定周期，但也逐渐肯定了一些确定周期的真实存在，如根据 1600 年起所记录的太阳黑子最大值，可以推断出整个间隔周期图的最大值周期为 13.57 年左右。对于目前以较大概率寻找的 4.78、8.38 和 11.125 年周期，通过用频率取代周期时间，并进行对应可发现其联系：

$$(11.125)^{-1} = 0.08989$$
$$(8.38)^{-1} = 0.11933 \tag{3.4}$$
$$\text{Sum} = (4.78)^{-1} = 0.20922$$

即在允许的误差范围内，前 2 个周期频率的和与第 3 个周期的频率相一致。

同时，由于 8.38：11.125 接近于 3：4，且

$$\frac{1}{3} \times 33.375 = 11.125, \quad \frac{1}{4} \times 33.375 = 8.344, \quad \frac{1}{7} \times 33.375 = 4.768 \tag{3.5}$$

因此，这三个周期也可以作为 33.375 年的子周期，虽然尚不能判断这种关系的精确度，但带有一定确定性的三个周期间有如此明显、直接的关系，这个事实引起了舒斯特的特别关注，并在以后的工作中对该问题进行了深入探讨。同时，若认定周期是所给定周期的两倍长，即 $2 \times 33.375 = 66.75$，则也可用于解释目前只是大致确定的其他周期，如 $\frac{1}{5} \times 66.75 = 13.34$，一定程度上与上述周期 13.57 年相一致。

尽管舒斯特的本意仅限于讨论统计问题，但他也不由得对问题的可能原因进行探究，此外他还讨论了太阳黑子连续循环中的间断奇异点，但总体收获不大，他的主要成就是关于周期图方法的系列研究。

3.2.3 周期图方法的创建

在长达 30 多页、具体创建周期图方法的经典文献《太阳黑子周期研究》中，舒斯特仍然采用前文所述的序列(a)、(b)、(c)。由于序列(a)与后两个序列的单位不同，根据两者计算所得结果不可能进行精确比较，虽然不必要统一单位，但舒斯特建议，针对沃尔夫序列的太阳黑子频率，以及与此对应的根据测量数据计算得到的频率，主要调查两个频率的常数比率。舒斯特根据数据分析指出，沃尔夫序列作为整体更均匀，但易导致高估较小的活动，或低估较大的活动。同时舒斯特强调，自己并不是运用傅里叶理论探寻隐周期的第一人，许多人在这方面已做了大量工作，其中较为突出的是霍恩斯坦(Hornstein)，他利用调和分析，得到了周期为 26 天左右的磁场变异元素的傅里叶系数，但他通常假定，调和项振幅的最大值对应着真实周期，这种推理很荒谬，但被频繁使用。舒斯特的突破点是：他根据概率理论讨论傅里叶系数的自然变异，与任何可能影响到现象性质的周期性因素独立，而如果现象是独立的，即任何事件出现的概率不依赖于以前事件的出现，则现象重现时所分解成的调和项振幅值有确定的概率。在更复杂和发生更频繁的情形，这样确定的概率不是必然性的，而是根据现象本身统计性地确定，甚至有明确法则用于定义真实周期逐渐从偶然变量中分离出来的方式。因此，可以说是舒斯特首次采取了这种相对固定的方法，以判断调和项振幅的最大值究竟是与真实周期对应，还是从偶然变量中产生。当然，他也特别强调，周期图把统计材料置于更易讨论的形式，但必须进行大量周期的系统调查。若统计数据中包含较为充分的时间范围，则分开整个间隔，以探寻根据两部分所确定的周期图是否相似。

1. 太阳黑子周期图的创建

设 $\phi(t)$ 是时间 t 的函数，在等时间间隔 $t_0, t_0 + \alpha, t_0 + 2\alpha, \cdots$ 处分别取值 $\phi_0, \phi_1, \phi_2, \cdots$，令

$$A = \sum_{s=0}^{(n-1)\alpha} \phi_s \cos\frac{2\pi}{n}s, \quad B = \sum_{s=0}^{(n-1)\alpha} \phi_s \sin\frac{2\pi}{n}s \quad (n, s \text{ 为整数})$$

$$S = \frac{A^2 + B^2}{\alpha p} \quad ①$$

则特定周期 $n\alpha$ 附近 S 的平均值给出了源于时间间隔 $p\alpha$ 的周期图值，$n\alpha$ 发生改变时，所得到的不同周期非常接近，但存在一个极限，当与 n_1, n_2 密切联系的 A, B 值不再独立时，就达到该极限值。而根据振动理论可以知道，当 $N(T_1 - T_2) = \frac{1}{4}T$ 时，其中 T_1, T_2 是两个周期时间，N 是总周期数，A, B 开始独立。依据上述指导思想，舒斯特指出，如果试验周期与真实周期不完全一致，为了确定当周期固定时相位所产生的误差，令 $\tan\phi = \frac{B}{A}$，ϕ 表示与周期 $T = n\alpha$ 对应的相位，若真实周期为 T'，则 ϕ 不能精确地表示相位。此时，需要固定周期 T 的周期性曲线与真实周期 T' 的周期性曲线在变化间隔 $(\tau, \tau + nT)$ 内尽量一致，可以通过两曲线在中间时间间隔 $\tau + \frac{1}{2}nT$ 处重合来达到这一要求，即调整其相位尽可能地减小它们的不一致。一般情况下，总是从相同时期开始，但有时也要分开时间间隔以获得不同部分的单独周期图，因此，τ 不能忽略，可令其等于试验周期的整数倍，即 $\tau = mT$。若 NT 是假定的总时间间隔，则 $N = n + m$，相位重合的时间是

$$\tau + \frac{1}{2}nT = \frac{1}{2}(N + m)T$$

设真实周期为 $\cos(gt - \varepsilon)$，尽可能接近真实周期的试验周期为 $\cos(kt - \phi)$，令

$$\frac{1}{2}g(N + m)T - \varepsilon = \frac{1}{2}k(N + m)T - \phi$$

可得

$$\varepsilon - \phi = \frac{1}{2}(g - k)(N + m)T = \pi \cdot \frac{T - T'}{T'}(N + m) \tag{3.6}$$

---

① 舒斯特原文中为 $S = \frac{(A^2 + B^2)\alpha}{p}$，笔者根据对舒斯特原始文献的理解和后面的具体计算，如当 $p = 288$，$\alpha = 0.5$ 时，舒斯特得出 $S = \frac{A^2 + B^2}{144}$，笔者推断此处应是舒斯特的笔误，正确的关系式应该是 $S = \frac{A^2 + B^2}{\alpha p}$。

该式给出了由真实周期和带有一定误差的试验周期所确定的相位之差异，舒斯特利用(3.6)式，借助表格详细讨论了 11 年附近的周期所对应的角度 ϕ、ε 及 $\varepsilon - \phi$ 等，明显表明了在给定间隔内 11 年周期的基本特征，并给出了真实周期 11.125 年对应的相位，分析了最大值周期时间与实际年份的对应等。

2. 对两阶段周期图的细致分析

为得到较长周期时间的周期图，显然所使用序列应该尽可能地长，舒斯特根据序列(a)，使用沃尔夫观察得到的太阳黑子数，把由平滑过程得到的数据放在单独的表中作为"补偿数"，因为他认为平滑过程削弱了数字的精确程度，不利于科学地检验周期。舒斯特把每年平均分成两部分，计算每半年的数字和，这些和各自代表每半年太阳黑子平均活动的 6 倍。为求出上述 A、B 值，舒斯特把每 6 个月的值置于一行中，为得到 12 年的值，每一行包含 24 个数，对行数进行排列以得到尽可能多的完整周期，一般从 1749 年的前半年开始，把 1749 年 4 月 1 日作为确定序列(a)所有周期相位的初始时期。到 1894 年时，因为没有充分材料包含更完整的周期，计算不得不停止，但根据 1749～1893 年间所经过的 12 个周期，形成 24 列 12 行的和，通过替换 $P = 288$ ($P = 288$ 是 1749～1893 所包含年份总数的 2 倍)很容易计算 A、B 的值。以年为单位，连续数字的时间间隔为 6 个月，$\alpha = 0.5$，则周期图的纵坐标为 $\dfrac{A^2 + B^2}{144}$。在对应间隔内用 6 个连续太阳黑子数的和取代平均，把结果除以 36，使之对应沃尔夫尺度，然后乘以 $12.53^2 \approx 157$，最终把结果简化到以测量为基础的情形，当周期为半年的整数倍时，该方法都是适用的。当然，若涉及第二、第三周期，则不必要再次生成行和列，对傅里叶系数子周期的计算，可用

$$A = \sum_{s=0}^{(n-1)\alpha} \phi_s \cos\frac{2m\pi}{n}s, \quad B = \sum_{s=0}^{(n-1)\alpha} \phi_s \sin\frac{2m\pi}{n}s$$

取代，其中 $m = 2$ 或 3，相应于初始周期的 $\dfrac{1}{2}$ 或 $\dfrac{1}{3}$。

需要说明，这里只是简略展现了舒斯特计算周期图值的大致思路，而没有具体讨论他对数字的计算和推证过程，详细内容可参阅舒斯特的原始研究文献。

对于按照上述方式计算的周期图值，舒斯特详细列表、作图，图 3.2 是 1750～1900 年整个 150 年间隔的太阳黑子周期图，该图明显表现了 11 年周期的基本特征，但为了进一步解释当周期位于 10 年和 11 年间时，曲线的形状及其他特征，舒斯特把 150 年分成几乎相等的两部分，说明一下，当原始表包含偶数行时，可以精确地分成两部分；当行数不是偶数时，两部分不能精确相等，第一部分总是稍短一点，故第二部分开始的日期略有变化，舒斯特在表的第五列给出了第二部分开始时的精

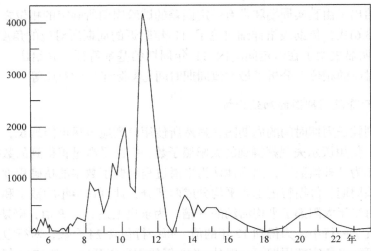

图 3.2　1750～1900 年的太阳黑子周期图(Schuster A，1906)[76]

确日期。当然，若不考虑计算的繁杂，对于序列第二部分最好选择固定时期，以便于精确比较两部分产生的振荡相位。舒斯特分别作两部分的周期图，如图 3.3，这也是对上述预备知识中所讨论问题的深入分析。对于第一阶段的周期图曲线 B 与

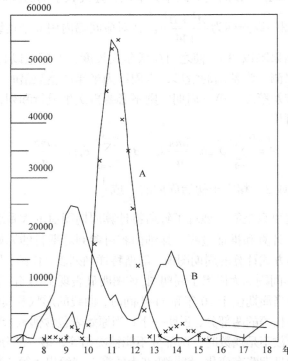

图 3.3　1750～1825 年、1826～1900 年的太阳黑子周期图(Schuster A，1906)[77]

11 年周期相距甚远，舒斯特指出，也许可以辩称，由于 18 世纪的观察过于欠缺、也不确定，才导致这样的结论，但他不赞同用这种方式确定对周期图的决定性结论。因为曲线的主要特征由最大值出现的时间确定，也有小部分特征由对最大值活动的估计确定，虽然当最大值活动的周期及强度完全知道时，这种不确定性也许会位于最小值附近，但并不特别影响结果。对于周期图曲线 B，有直接证据可以说明，11年周期的缺少并不是出于偶然，观察中的不确定性有向较大范围周期扩展的可能，但一般情况下不会产生曲线 B 所显示的两个明显的最大值，除非是通过个别的异常现象点。同时，曲线 B 两个周期的最大值有先后次序而非同时生效，1788 年前，似乎 9 年周期居于主要地位；而对 1788～1829 年间的变异，似乎显示了 13 年、14 年的周期。或多或少的一些不规则变异表明间隔最大值超过 9 年，随后出现了 3 个互不相等的长周期 17.1 年、11.2 年和 13.5 年，之后趋向于规则的 11.1 年周期。这些不确定的周期也许从未消失，只是太阳黑子现象的主要部分时而被这个周期控制，时而又被另一个周期控制。曲线 A 所表示的 75 年内，周期图更接近于真实的、光学上同类周期的周期图，周期是 11.125 年时，图中的十字点将与真实曲线极其接近，至于所观察到的 5.625 年周期，毋庸置疑，很大程度上这是 11.125 年的第一个子周期。

显然，由于第一阶段的周期图只给出了周期 11.125 年的微弱暗示，对该周期的讨论应该完全立足于第二阶段，舒斯特曾未经深入调查就直接认定：11 年周期在 19 世纪初即生效，对曲线 B 有一定程度的影响，这个错误导致他很长时间偏离正确结论。为解决持久周期这个重要问题，舒斯特努力使自己免受已形成观点的干扰，从相反方向思考，力争不带偏见地分析事实：一方面，周期图显示了 19世纪初关键性的新起点；另一方面，根据自 1610 年起的记录数据，沃尔夫(Johann Rudolph Wolf，1816～1893)和纽科姆(Simon Newcomb，1835～1909)推断最可能周期是 11.13 年，这个结果与舒斯特的推断完全一致。因此，需要解释：根据上述结果，有些年明显缺少周期，但为什么这些年并没有影响到周期的平均情况，以至于不管周期是否真正缺席，不管周期缺席的时间是否被计算在内，都得到了相同的值。舒斯特首先指出，这种一致部分是出于偶然，部分是由于观察者根据可靠程度对观察到的最大值时间附加权重，附加到后 70 年的权重很自然地超过了先前记录的权重，故整个结果更依赖于后面的周期。但这只是舒斯特最初的观点，后来他逐渐放弃了该观点，为清晰展现所有事实和自己的研究，舒斯特详细陈述了关于 11 年周期的争辩，并最终得出结果：虽然 11 年周期偶尔降低了强度，但根据已有的太阳黑子记录来看，11 年周期仍然是持久的，而且每当连续出现最大值间隔近似等于 11 年时，其相位也都吻合得较好。

3. 对其余情形的讨论

舒斯特不仅详细分析了表现太阳黑子曲线特征的基本周期，而且特别强调，当没有明确周期出现时，对周期图强度的期望必须根据周期图本身得到，该期望并不依赖于周期，为此可以选择曲线中疑似周期不存在的部分，这一部分应该位于54天～1.5年间。同时必须注意避免更短的周期，因为长度太短，则太阳黑子持续时间短，周期图强度降低。当周期小于1.89年时，如果希望进行全面调查并确保不遗漏任何尚未显示的周期，显然过于费时费力，故只能考虑一些特殊周期。舒斯特对各种情况详细分析，并兼顾木星、水星和金星等行星对太阳黑子的影响。对于周期图隐含的一个最持久周期——4.8年的周期，测量记录证实，它分别出现于两个沃尔夫序列中，为检验周期的真实性和推断精确的周期时间，舒斯特建议在其他太阳黑子活动很小时，考虑个别的最大值。从假定周期4.75年开始，舒斯特对沃尔夫序列两个间隔中显示的相位进行比较，发现被16个完整周期分开的两部分中，存在着96°43′的相位变化，当取周期时间为4.83年时，相位的这种变化是正确的；若根据更精确的测量数据，可发现最大值周期为4.78年，但随着周期时间的增加或减少、强度的变化，建议周期稍微更长一些，图表插值显示最可能长度为4.81年。舒斯特详细分析这几个较为确定的周期及相位与最大值的对应时间，并进一步印证了(3.4)式、(3.5)式。

至此，舒斯特自信已经比较接近地解决了太阳黑子的周期问题：太阳黑子不仅有众所周知的11年周期，其他一些确定周期的存在也毋庸质疑，只是需要思考如何对待它们的数字关系。每个周期活动最大值的重复出现与轨道旋转最大值的出现相差无几，这些周期的根本性质在于活动的巨大变异性，周期之所以能够隐藏这么长时间，也正是基于这一变异性。

4. 后续研究

1911年，舒斯特根据1898～1907年的格林尼治太阳黑子序列等图表材料，总结了这10年内，以上所述周期的持续情况。在1906年的讨论中，周期4.78年是持久的，舒斯特进一步肯定了该周期的持久性：他结合图形讨论周期最大值与轨道旋转次数的对应，指出根据该周期所给出的预测时间与实际时间是绝对一致的，并强调，该周期的特征是在接近最大值的时间内有一两次准确地爆发，在有精确记录可查的整个时间段内，4.78年周期几乎在每次循环中都显示为太阳黑子频率的顶峰。与之相联系的太阳黑子爆发甚至还可以追溯到磁力记录中，奥本海姆(Joseph Oppenheim，1859～1901)使用不同的方法，通过取连续两年的平均，在磁下降记录中也独立地发现了相同的周期，由此也进一步证实了4.78年周期的持久性。舒斯特强调，奥本海姆通过对拉蒙特地区1836～1886年的观察值取连续两年的平均，使用与舒斯特完全不同的方法，在磁下降记录中也独立地发现了相同的周期4.92年，因为奥本海姆以两年平均为基础，且只有12个完整周期，故4.92年和4.78年的差别可以忽略。舒斯特进一步指出，对于以前持疑问态度的4.38年周期，根据上述材料没有得到更进一步的支持；周期8.38年在1836～1887年的出现相当规律，但此后没再表现出来，在 1904 年夏本该有一个最大值，实际上却是活动的显著减少；对于 11 年周期，舒斯特认为，因为傅里叶分析只指出基本周期，而观察中包含了谐波，故由傅里叶分析推断的最大值日期与观察日期有所不同，但根据傅里叶分析所得曲线最终给出了 11 年的基本周期，以及第一个与观察最大值一致的最大值谐波。

虽然舒斯特未能透彻分析当时的所有材料，如对于 11 年和 33 年的周期，他没有深入研究中国的资料，还有许多问题需要解释，以及寻求更深刻的结果，但舒斯特在傅里叶分析基础上首创的周期图方法，成功地解决了太阳黑子的周期问题：以一定精度确定了周期 4.78 年、8.38 年和 11.125 年的存在，并肯定了这三个周期间的关系，以及它们与 33.375 年的子周期关系。

事实上，舒斯特为解决隐周期问题而创建的周期图方法，不仅受到高度好评，而且逐渐成为调查各类自然现象周期问题的基本工具，此后的几十年内引领着时间序列频域分析的发展，所以，目前公认舒斯特是时间序列频域分析的奠基者。

当然，周期图方法的发展并非一帆风顺，其缺陷也不容忽视，比如，当把数据分成两部分时，数据间的较大偏差显示了周期图的不稳定性，以及对周期长度微小变化的敏感性——较小的增长可能引起一个高峰，而另一个较小的增长也许会引起一个谷点，由此带来的后果是不得不运用较大数量的周期，以确保不遗漏任何重要的高峰，并确保特定高峰的统计意义。1922 年，贝弗里奇讨论了上述问题。1945 年，肯德尔提出，周期图可能会导致一些错误性的后果，这一观点后来被英国统计学家巴特利特(Maurice Stevenson Bartlett，1910～2002)从理论上证实，并进一步指出，统计抽样结果也可能会歪曲时间序列的周期图。这些问题的出现并不是周期图时代的结束，相反，它们引领着周期图概念逐步克服自身的缺点，对上述问题的讨论和对周期图方法的修订也提升了周期图的分析能力，再次引发人们对频域方法的研究兴趣。后期的发展主要包括：英国数学家丹尼尔(Percy John Daniell，1889～1946) 1946 年提出了平滑周期图的概念；巴特利特和美国统计学家图基(John Wilder Tukey，1915～2000)分别于 1948 年、1949 年使用平滑周期图研究谱估计，开创了频域分析的近代理论；到 20 世纪 60 年代，美国统计学家伯格(J.P. Burg，1910～2009)为了分析地震信号而提出最大熵谱估计理论，克服了传统谱分析固有的分辨率不高和频率容易泄漏等缺点，使谱分析进入到现代谱分析阶段，这些研究构成了现代频域分析方法的一条发展主线。

伴随着周期图方法缺点的逐渐暴露，数学、概率理论和统计技术这些外围理论也在不断地发展，特别是工程学、经济学和商业等领域需要更可靠的方法对不同类型的现象或系统进行估计、预测，这些因素不可避免地刺激着时间序列分析的进展，其中，20 世纪 20 年代时域分析方法的创建开辟了一个崭新的领域，与频域分析方法互相补充，共同构成了时间序列分析的两种基本方法，目前两者都得到了较为完善和系统的发展。

第 4 章

时域分析方法的源起——尤尔的奠基性工作

由于以谱分析为核心的频域分析方法通常比较复杂，分析结果相对抽象，不容易进行直观解释，而且要求研究人员具有很强的数学和物理基础，所以，频域分析方法的使用具有很大的局限性，目前使用较多的是时域分析方法，很多教材也都侧重于时域分析方法，部分高等院校在讲授时间序列分析课程时，甚至干脆就放弃了频域分析方法，下面详细阐述时域分析方法的早期发展历程。

时域分析方法的指导思想是事件的发展都具有一定的惯性，用统计语言描述就是序列值之间存在一定的相关关系，并且这种相关关系具有特定的统计规律。因此，从序列自相关的角度去探寻序列的发展规律，并且拟合适当的数学模型描述这种规律，然后再利用该模型预测序列的未来走势，是时域分析方法相对固定的分析套路。从历史发展的角度来看，时域分析首先研究平稳过程，所谓平稳过程，是指统计特性不随时间的平移而变化，即概率分布函数与时间 t 无关，这项要求相当苛刻，在实际生活中，由于受到各种因素的影响，这种情形很难出现。通常把条件适当放宽，借助统计平均的一、二阶矩体现对时间推移的不变性，即对任意时刻 t，随机过程的均值(一阶矩)为常数；协方差(二阶矩)是时间间隔 τ 的函数，而与间隔端点位置 t 无关。这两种平稳过程分别被称为严平稳和宽平稳，实际应用中出现较多的还是宽平稳情形，目前通常用于拟合平稳序列的模型主要有自回归 AR 模型、移动平均 MA 模型和自回归移动平均 ARMA 模型。平稳自回归模型的一般形式可记为 $y_t = f(y_{t-1}, y_{t-2}, \cdots, y_{t-n}) + \varepsilon$，其中 ε 为随机误差，它的主旨就是利用滞后变量值 $y_{t-1}, y_{t-2}, \cdots, y_{t-n}$ 预测将来的值 y_t。这个看似简单的公式却有着复杂的历史，若从思想根源上追溯，这个根存在于 19 世纪凯夫、李等统计学家对于气象学的研究以及生物学家高尔顿、卡尔·皮尔逊的遗传学工作。但从数学的角度首创自回归分析方法的是现代统计学家尤尔，他于 1927 年首次给出完整的 AR(2)、AR(4) 模型，四年后，在此基础上，沃克(Gilbert Thomas Walker, 1868~1958)把上述模型扩展到一般的 AR(s) 模型，这是 AR 模型的发展主线；对于 MA 模型来讲，最早的创建应该归功于斯卢茨基；到 1938 年，沃尔德把上述关于时间序列分析发展的主要步骤和思想，与辛钦(Aleksandr Yakovlevich Khinchin, 1894~1959)和柯尔莫哥洛夫(Andrey Nikolaevich Kolmogorov, 1903~1987)的概率理论、随机过程公理，甚至舒斯特等引领的频域分析方法糅合在一起，对平稳时间序列进行综合研究，给出了严格的 ARMA 模型，并建立了著名的沃尔德分解。本章首先解析尤尔所做的奠基性和导向性工作，通过挖掘尤尔的生平背景及研究历程，对尤尔开创自回归分析方法的历史过程追根溯源。

4.1 尤尔生平与研究背景

1871 年，尤尔(图 4.1)出生于苏格兰哈丁顿附近的蒙哈姆，其家庭有良好的学识声誉，他的叔父亨利·尤尔(Henry Yule, 1820～1889)是英国著名的地理学家和东方学专家，并于 1889 年被封为爵士。因此，尤尔从小就受到较好的教育，13 岁进入温彻斯特学院学习，1887 年，16 岁时到伦敦大学学院攻读工程学，1890 年获得学位，工作两年之后转向物理学，并在一年内相继发表了四篇有关电波方面的文章。尽管尤尔在这两方面颇有建树，但他本人却感觉还没有找到一个自己特别感兴趣并且能够终生研究的方向。幸运的是，1893 年夏，当他从德国回到伦敦时，近代数理统计的奠基者卡尔·皮尔逊因为非常了解他的学习和研究潜力，主动帮助他申请到了伦敦

图 4.1 尤尔

大学学院的教师职位，从此，尤尔师从卡尔·皮尔逊，开始涉足统计学这个崭新的、影响他一生的领域。在卡尔·皮尔逊的鼓励和指导下，1895 年，尤尔就发表了他在统计学方面的第一篇论文，其接下来关于回归和序列相关的一系列文章，为这两方面统计理论的发展奠定了坚实的基础，同时也创造了时间序列分析的现代起源，其中关于时间序列分析方面影响最大的三篇文章都发表于 20 世纪 20 年代。本章将通过对尤尔原始文献的细致剖析，结合同时代其他统计学家关于尤尔的研究文献等，深入探究线性自回归模型的形成过程。值得一提的是，尤尔是位多产的科学家，一生大约有 80 多篇论文，他的经典名著《统计理论入门》以其 1902～1909 年期间在伦敦大学学院的统计学讲稿为基础，1911 年首次出版，到 1950 年已经出版到第 14 版，并且在很长时间内都是唯一的一本关于统计学的综合书籍，奈曼(Jerzy Neyman, 1894～1981)等人给予极高的评价；其晚年的著作《文学词汇统计研究》研究各类词在各种书籍中出现的频率。尤尔的研究领域极其广泛，除了以上已经提到的几个方面，他更为随机分布理论、部分相关分布的费希尔求导等理论做了大量的基础性工作，现代概率论中大家比较熟悉的是著名的尤尔分布和尤尔-沃克方程。尤尔于 1911 年获得英国皇家统计学会的最高奖——盖伊金质奖章，1924～1926 年任皇家统计学会的主席，1931 年于剑桥大学退休。

4.2　尤尔研究回归和相关技术——与卡尔·皮尔逊的合作和分歧

图 4.2　埃奇沃思

回归和相关是数理统计学的基础理论和重要工具，其发展历程源远流长、备受关注，美国著名统计学史学家施蒂格勒(Stephen Mack Stigler，1941～)和国内的陈希孺院士(1934～2005)、于忠义及窦雪霞等学者都系统探究过这两个概念的历史：1877 年，高尔顿在研究甜豌豆亲、子代种子间的关系时，首次提出了回归与相关系数的概念，并在研究甜豌豆试验的过程中，得到了大量的数据，转而研究人类家庭父母和子代可度量特征的回归关系，如身高等。也就是说，高尔顿研究生物遗传问题时创新性地提出了回归和相关概念，但他拙于数学表达；是埃奇沃思(Francis Ysidro Edgeworth，1845～1926，图 4.2)提炼出超脱变量实际含义、具有纯数学

意义的回归定义和样本相关系数公式；卡尔·皮尔逊系统整理了上述零散、表达模糊的研究结果，将其广泛应用到生物学领域。因此，埃奇沃思、卡尔·皮尔逊和高尔顿共同深入探讨样本相关系数，创造了相关面和回归折线用于定量推断优生学问题，虽然他们的最终目标是证实和量化遗传进化律，但首先创造和使用回归与相关技术的这些生物学家很早已经开始研究截痕数据，并逐步运用相关面检验同一个体两个器官之间的相关性。他们还特别关注同一个器官遗传后的相关关系，推断得出子代身高是父母平均身高和影响身高的随机变量之和，用数学公式可以记为 $y_t = f(y_{t-1}) + \varepsilon$，统计学史上关于高尔顿、埃奇沃思和卡尔·皮尔逊研究回归相关的文献极其丰富，本书不再赘述，旨在强调尤尔的后续研究。尤尔抛开卡尔·皮尔逊正态分布的约束条件，对相关和最小二乘法进行有机结合，并提出了多元回归分析理论。国外学者丹尼斯(Daniel J. Denis)和赫普尔(Leslie W. Hepple，1947～2007)探讨了尤尔研究贫穷问题的社会、政治背景和影响，国内对尤尔的关注较少，本节以尤尔和卡尔·皮尔逊的关系变化，以及尤尔的创新探究历程为主线，全面剖析其在回归相关领域做出的独特贡献。

4.2.1　受教于卡尔·皮尔逊及其对卡尔·皮尔逊思想的传承

1887 年，尤尔进入伦敦大学学院攻读工程学，1890～1892 年转向研究无线电物理学，但他似乎对这两个方向都不太感兴趣，1893 年应卡尔·皮尔逊之邀返回母校任教，通过卡尔·皮尔逊讲授的统计学课程，尤尔开始涉足这一全新的领域，因此，尤尔最初的工作受到卡尔·皮尔逊的直接指导和深刻影响。1895 年，尤尔发表其关于统计学的第一篇论文《贫穷与户外救助比例的相关性 I》，仅六页的正文中，尤尔四次引用了卡尔·皮尔逊给出的概念和结论，如偏态分布及其方差、可能误差、标准差等。1896、1897 年尤尔分别发表论文《关于英格兰和威尔士地区 1850 年以来贫穷史的说明》和《相关的历史》，其中特别注明了对卡尔·皮尔逊 1895 年、1896 年相应论文《均质材料的斜方差》和《回归、遗传与随机交配》的借鉴与吸收，文章数十次引用了卡尔·皮尔逊的思想和方法，包括偏度、众数及其计算公式、回归系数表达式、标准差度量方式、二元阵列及其构成方式、拟合检验公式、卡尔·皮尔逊正态曲线表达式、正态二项分布和偏度二项分布的区别、利用矩统计量刻画分布等，使用了卡尔·皮尔逊掷骰子的实验数据，以及卡尔·皮尔逊研究的离婚率、死亡率和气压表高度频率等具体案例。

特别值得说明的是，从技术层面而言，尤尔对卡尔·皮尔逊的传承和依赖也清晰可见。比如，为利用变量 h_2 和 h_3 预测变量 h_1，卡尔·皮尔逊构造了关系式

$$h_1 = \frac{r_3 - r_1 r_2}{1 - r_1^2} \cdot \frac{\sigma_1}{\sigma_2} h_2 + \frac{r_2 - r_1 r_3}{1 - r_1^2} \cdot \frac{\sigma_1}{\sigma_3} h_3$$

且记 $\frac{r_3 - r_1 r_2}{1 - r_1^2}$ 为重相关系数，$\frac{r_3 - r_1 r_2}{1 - r_1^2} \cdot \frac{\sigma_1}{\sigma_2}$ 为重回归系数。无独有偶，当讨论三个变量 x_1 和 x_2、x_3 之间的回归关系时，尤尔给定的方程为

$$x_1 = \frac{r_{12} - r_{13} r_{23}}{1 - r_{23}^2} \cdot \frac{\sigma_1}{\sigma_2} x_2 + \frac{r_{13} - r_{12} r_{23}}{1 - r_{23}^2} \cdot \frac{\sigma_1}{\sigma_3} x_3$$

且称 $\frac{r_{12} - r_{13} r_{23}}{1 - r_{23}^2} \cdot \frac{\sigma_1}{\sigma_2}$ 是 x_1 对 x_2 的净回归系数，当前通常称为偏回归系数。两个关系式极其相似，主要区别在于尤尔借助 r 的不同下标表示具体相关系数，而且尤尔在给定三个变量的回归标准差公式 $\sigma_1 \sqrt{1 - R_1^2}$ 时，也参考了卡尔·皮尔逊的标准差公式 $\sigma_1 \sqrt{1 - r^2}$。

类似的技术细节不再一一赘述，仅在此强调，尤尔早期的诸多工作都是在卡尔·皮尔逊实验室所完成，和卡尔·皮尔逊曾经合作学术论文多篇，甚至在伦敦大学学院共同讲授统计学，因此，从某种意义上讲，尤尔对回归、相关的基础性研究，起源于亦师亦友的卡尔·皮尔逊的先锋性前期工作，其多元回归技术被学术界高度重视和普遍认可，一定程度上得益于卡尔·皮尔逊的重要影响。

4.2.2　尤尔与卡尔·皮尔逊的分歧

尤尔一方面继承卡尔·皮尔逊思想、创新发展统计方法，同时也与卡尔·皮

尔逊有着明显的分歧。卡尔·皮尔逊的研究范畴是遗传学和优生学，强调相关分析应以联合正态分布和多元曲面为基础，必须首先考察分布类型，再研究变量之间的整体关系。而作为英国皇家统计学会会员和皇家学会会员，尤尔致力于从贫穷、公共健康等社会学和经济学问题中提炼统计技术，更关注变量之间固有的回归关系，不太重视分布问题。

1895 年，尤尔推断指出，相关系数对于偏态分布有同等重要的意义。1896 年，尤尔进一步得到，如果回归关系呈现直线形式，则无论其服从正态分布还是偏态分布，回归系数公式必定为 $r\dfrac{\sigma_1}{\sigma_2}$，其中 $r=\dfrac{S(xy)}{n\sigma_1\sigma_2}$。1897 年，尤尔结合最小二乘原理拟合两个或多个变量的线性关系，强调最小二乘公式适用于回归呈线性的任何情形，完全脱离了正态分布。尤尔不仅重新表述了已有的相关理论，而且自行创建了多元相关、偏相关、多元回归和偏回归等，架构了相关回归和最小二乘法之间的桥梁。尽管卡尔·皮尔逊在其研究文献中以注解的方式给出了尤尔的回归系数公式，部分地承认和接受了上述结论，但他不认可尤尔对于相关的初始假定，从根本上并不赞同尤尔的观点和方法。卡尔·皮尔逊坚持认为，只有在正态分布下，由最小二乘法得到的直线回归才有意义，即便对于这种情形，卡尔·皮尔逊也怀疑使用最小二乘法究竟能否减小高阶残差。至于尤尔把社会问题中纷繁复杂的关系缩减为变量间简单的线性关系，卡尔·皮尔逊更是不屑。究其原因，在卡尔·皮尔逊研究的生物统计学中，变量之间一般不具备因果关系，只需借助相关系数考察指标之间的关联程度，欲做全局性考察，则必须以频率曲面为出发点，故卡尔·皮尔逊重视分布。而在尤尔研究的社会经济领域，变量间的因果性比较鲜明，考察的重点是从平均层面上解释现象，故尤尔更注重在混乱的社会现象中梳理具体的回归关系。

尤尔特别关注数字背后隐藏的基本现象，对由数据分析得到的结论更谨慎，通常持批判性态度，这正是卡尔·皮尔逊所缺乏的，能力的互补本应使他们成为一个非常理想的团队，遗憾的是，当有了分歧观点，尤其是在尤尔对卡尔·皮尔逊进行了学术批判后，卡尔·皮尔逊已根本无法接受尤尔，两人的分道扬镳不可避免，1899 年，尤尔利用多元回归研究贫穷问题的论文一经发表，即离开了卡尔·皮尔逊实验室，标志着尤尔和卡尔·皮尔逊近乎六年的合作彻底决裂。但从史学角度来看，也正是与卡尔·皮尔逊截然不同的研究方法和指导思想，使尤尔不仅成功推广了正态分布中成熟的工具和结论，实现了统计方法从生物学到社会学的跨越发展，而且开创了全新的统计技术。

4.3 尤尔基于社会统计视角对贫穷问题的实证研究

作为世界上著名的统计学会和英国唯一的专业统计学术团体,英国皇家统计学会以会议讨论基地久负盛名,经常组织理论统计学家、社会学家、信息应用学家和改革决策者等对论文进行激烈讨论和争辩,历来高度重视基础理论和创新实践的同步发展,尤其推崇理论方法新颖、技术水平高超的实证研究。尤尔 1895年即成为皇家统计学会的会员,自 1907 年起担任学会秘书达 12 年之久,并于1924~1926 年任学会主席,他虔诚地参加学会会议,热衷于学会活动——论文宣读后的讨论交流。学会主办的杂志《皇家统计学会期刊》是尤尔学术交流的主阵地,他一生发表的 80 多篇论文中,有 30 篇都发表在该杂志上,约占其论文总量的 40%。因此,尤尔的统计研究受到皇家统计学会的深刻影响,他和学会成员社会统计学家吉芬、经济统计学家鲍利等,致力于开发利用各类统计方法去调查、搜集、分析居民收入和消费等经济数据,此谓尤尔从事社会统计学研究的根本缘由和学术氛围。

4.3.1 尤尔的社会统计学研究

纵观尤尔的研究方向,1895 年,尤尔首次涉足统计学领域,起因是社会学家、慈善家布思(Charles James Booth,1840~1916)和慈善组织协会秘书洛赫(Charles Stewart Loch,1849~1923)关于贫穷制度的争议;1900 年,尤尔以天花发病率和接种疫苗的关联性、高尔顿关于自然遗传、达尔文关于个体受精的各种案例,以及儿童和成人缺陷的分布等社会问题为研究对象,解释了 2×2 维列联表等随机分布理论;1906 年,尤尔调查了英国结婚率和出生率的变化缘由;1909 年左右,尤尔陆续研究了价格、贸易等诸多社会现象,系统探讨了相关、回归方法在社会和经济统计学中的应用;1924 年,尤尔就职皇家统计学会主席,其演讲主题是"以逻辑斯蒂曲线预测未来的人口增长态势";1921~1927 年,也正是为了探究太阳黑子序列的周期,尤尔才提出"伪相关"和"自回归"等概念;尤尔晚年利用句子长度进行作者身份识别研究、利用尤尔图研究单词频率,对计量风格学大有启迪。概言之,尤尔涉足多元回归和相关、随机分布、人口统计和时间序列分析等诸领域,基本上都是基于社会统计学的独特视角,是一位真正融理论研究和实际应用为一体的社会统计学家。

4.3.2 统计工具与贫穷等社会问题的有机融合

如前所述,尤尔研究多元回归始于社会政治领域的一场争议——贫穷与救助方式是否具有相关性，当时英国对穷人的救济主要采取户外和户内两种形式，户外救助者可直接领取补助，户内救助者必须通过劳动获得救助金。社会学家布思指出，贫穷比例与救助方式无关，而以洛赫为代表的国家慈善组织协会则认为，反对户外救助可及时减少贫穷人数。尤尔赞成洛赫的观点，并以500多个截面数据作为样本，利用统计方法探究布思的错误根源。尤尔首先指出，为获取尽可能同质的组别，布思得到的分类小组非常小，由此推证的结果是不可信的。他强调，为避免样本的过度零散化，并且能够成功分离或控制无关的噪声变量，最理想的方法就是多元相关。

在1895～1899年的系列研究文献中，尤尔不仅计算了1871、1891年户外救助和贫穷的相关系数分别是0.262和0.388，对应的可能误差仅为0.025和0.022，而且探讨了偏相关系数和复相关系数的应用，比如，尤尔计算出，对于由38个联盟小组构成的团体，若去除收入因素，户外和贫穷的相关性由0.6上升到0.7。同时，尤尔进一步提供了基本原则以确定哪些因素应该包含在回归方程内，哪些变量应该分离，以及如何分离，挖掘了控制影响因素对于探究变量相关性的重要意义。最后，尤尔把英国分成农村、混合、城市和大主教教区四大块，给定了1871～1881年和1881～1891年关于贫穷变化率的多元回归方程，例如，1871～1881年城市组贫穷变化率的方程是：

$$贫穷变化率=-4.38+0.571×户外救助变化率$$
$$-0.094×老龄人口比例变化率-0.067×人口变化率$$

由于人口和经济变化等外源因素对贫穷的影响力度较小，管理政策即影响贫穷的直接变量，尤尔最终完成了多重因子影响贫穷水平的实证分析，从根本上解决了社会学家对贫穷制度的争议问题。在此研究过程中，尤尔一方面发展多元回归、偏相关等理论方法，同时更基于实证分析的研究思路，度量和评价不同形式的管理政策影响贫穷水平的制度因素和外在因素，其工作质量可与现代实证技术相媲美，具有鲜明的实证研究特色：

(1) 注重陈述资料来源，并对原始数据进行适当的预处理，确保数据序列的规范性和完备性。

数据的可靠性和真实性是实证分析的基础和前提，和现代实证研究文献类似，在1895～1899年研究贫穷问题的6篇论文中，尤尔不仅详细说明了所用数据的来源，而且尽可能列出真实数据、明确解释统计变量的含义，表4.1归纳总结了尤尔研究贫穷问题的过程中，对所用资料的细致陈述。

表 4.1 尤尔研究贫穷问题中对原始数据的陈述和解释归纳表

尤尔实证研究使用的数据	统计变量的含义	分析目的	数据来源	尤尔研究文献中对数据的解释说明
文献(Yule G U, 1895)[609]的表 I	整体贫穷率；给定的户外救助百分比	解释贫穷率和户外救助的相关性	Pell 的统计表：No. 214，1876	文献(Yule G U, 1895)[604]
文献(Yule G U, 1895)[609]的表 II			Long 的统计表：No. 266，1892	
文献(Yule G U, 1895)[610]的表 IV	65 岁以上老年人的百分比；所有老年人的百分比；户外救助占总成本的百分比；户外救助对户内救助的资金比；已给出平均数的地区数量	挖掘布思技术方法的错误根源	布思研究老年人贫穷的第 II 部分	文献(Yule G U, 1895)[605]
文献(Yule G U, 1896a)[621]的表 I 和表 II	65 岁以上男性老年人的百分比；户外救助对户内救助的数量比；穷人平均数的百分比	与布思的研究结果进行对比	布思关于老年人贫穷数据的附录 A	文献(Yule G U, 1896a)[616]
文献(Yule G U, 1896a)[622~623]的表 III - VII		与其他研究者之前得到的结果进行对比	Ritchie 的统计表：No. 265，1892	文献(Yule G U, 1896a)[616-617]
文献(Yule G U, 1896b)[347]的表 I	救助人口百分比；不同的年份	揭示英国贫穷的整体历史状况	Pell 的统计表：No. 214，1876；No. 339，1882；No. 266，1892	文献(Yule G U, 1896b)[332-333]
文献(Yule G U, 1897)[823]的相关表	65 岁以上男性救助人口的百分比；户外救助对户内救助的数量比	分析贫穷和户外救助之间的回归、相关关系	文献(Yule G U, 1896a)[623]的表 VII	文献(Yule G U, 1897)[823]
文献(Yule G U, 1897)[831]的数据表	农业劳动者的收入估算	探究贫穷关于收入的回归方程	1894 年，W. C. Little 关于农业劳动者的报告，P. 80 表格的最后一列	文献(Yule G U, 1897)[829]
	1891 年 38 个地区的穷人百分比		B 统计表：1891 年 1 月 1 日的数据	
文献(Yule G U, 1899)[281~286]的表 I - VI，XIX，以及其他未列出的 31 个表	穷人；户外救助比率；老年人比例；总人口	剖析贫穷随户外救助方式变化的缘由	B 统计表：1871、1881 和 1891 年 1 月 1 日的数据	文献(Yule G U, 1899)[252~254]
文献(Yule G U, 1899)[255]的表 A	根据每英亩人口密度进行分组，即农村、混合、城市和大主教教区		布思关于老年人贫穷数据的附录 A	文献(Yule G U, 1899)[255]

无论是国家发布的最新材料还是借助统计学家的第二手资料，尤尔首先检验数据的稳定性和异常情况。比如，当计算贫穷率和户外救助的相关系数时，威尔士区域出现了 2 例户外救助对户内救助的数量比高达 100：1 的情形，远远大于一般案例中两者的比例，尤尔把其视为异常值单独进行讨论，以减小变量相关表的整体误差。同时，尤尔特别强调对原始数据的预处理，以形成可供实证分析的数据序列。例如，当讨论 65 岁以上男性救助人口的百分比时，可用数据包括每日数据和年度数据两类情形，但前者仅列出了全部穷人的救助信息，于是尤尔根据 65 岁以上男性占全部人口的比例，对每日数据序列进行转换，再与相应的年度数据进行对比分析。类似的技术处理在尤尔的研究中很常见，与现代实证研究中数据预处理的思路和方式高度吻合。

(2) 以严密的、系统的实证分析为基础，科学推断结论。

为探究贫穷率和户外救助是否互相影响，尤尔深度剖析布思的统计推断，根据工业特征指标，布思把全国的 500 个区域分成 20 个组，每个组的样本或者集中于农村和农业，或者偏重于城市。布思单独分析每个小组，在组内按照整体贫穷率对区域进行排序，通过比较排在顶部和底部区域的平均水平，布思认定，贫穷率和户外救助无关。尤尔指出，布思以两个极端情形为研究对象，样本分类不具有普遍性和代表性。尤尔重新计算了布思表格中顶部和底部一半数据的平均值，结果表明，底部的一半有较低的平均贫穷率，也正对应着较低的平均户外救助比例。为驳斥尤尔，1896 年，布思进一步细致分析了自己的分组，对包含 50 个较多农村区域的第 1 组，按照贫穷程度进行降序排列，并在同一个表格中列出了贫穷率和户外救助比例两列数据，显示两者没有对应关系。对此，尤尔深入分析到：这 50 个区域中，前 25 个几乎完全来自于南方和西方，后 25 个几乎全部来自于北方，而前者农村劳动力的周工资是 10～13 先令，后者是 16～17 先令，正是这种巨大的财富差异掩盖了管理效果。

正是通过与布思的严格辩论和实证研究，尤尔逐渐认识到，分析贫穷率的变化需要考虑"其他因素"，这正是尤尔创建多元相关、偏相关的实践基础。尤尔的数据分析非常全面、详尽，对不同类型的区域对应的小组，他分别计算贫穷和户外救助的二元相关系数，利用实际数据诠释两个变量的正相关性。同时，通过对大量案例的剖析，尤尔最终得到，下述 5 类变量是影响贫穷率变化的直接原因：政策或管理方式；经济状况(包括工资、交易水平、失业情况等)；社会或工业特征(包括人口密度)；道德水平(如犯罪、教育程度、非婚生育等)；年龄分布。并列出多元回归方程：

$$贫穷率的变化 = a + b \times (户外救助比例的变化) + c \times (年龄分布的变化)$$

$$\left. \begin{array}{l} d \times \\ + e \times \\ f \times \end{array} \right\} (其他经济、社会和道德因素的变化)$$

尤尔使用户外救助变化率、老龄人口变化率、整体人口变化率 3 个解释变量，分别把 1871～1881、1881～1891 年的 577 和 580 个区域的数据，划分为农村、混合、城市和大主教教区四块，估算了各情形下贫穷变化率的多元回归方程，比较分析 8 个方程中的所有系数，最终证实，管理政策即户外救助比例是影响贫穷率的核心要素。

4.3.3 尤尔社会科学研究的影响

利用统计思想分析社会经济现象的历史源远流长，至少要追溯到 17 世纪威廉·佩蒂(William Petty，1623～1687)的政治算术，以及 19 世纪初以凯特勒为首的经济统计学研究，但学界通常认为，严格的定量社会科学源于回归、相关的应用，故尤尔是现代统计理论融入社会科学和经济领域的真正先驱。尤尔研究贫穷问题的思路和方法，当前在公共政策决策、管理制度修订等方面仍不失其指导性地位，很多国家仍然利用以多元回归为基础的统计模型评价国民需求、分配政府供给、度量政策影响等。从技术层面而言，尤尔的社会统计研究不是用统计技术去适应社会科学，而是尤尔的根本兴趣集中于社会问题，这一方面说明了基于生物学、优生学背景创建的新理论和新方法可以有更广泛的应用，同时也迅速开发和引领了社会统计学的发展：1901 年，鲍利出版教科书《统计学原理》，具体讲解了统计理论分析实际问题的案例；1901～1905 年，胡克向皇家统计学会提交 3 篇论文，系统研究价格、结婚率和贸易的时间序列数据；诺顿利用相关和一阶差分研究纽约钱币市场的结余、储蓄和贷款；法国的马奇讨论了银行金银和储蓄等经济序列，以及结婚率、出生率的相关性等。通过尤尔本人的直接影响，结合 1909 年在法国巴黎举办的国际统计学会的会议传播，以及皇家统计学会的学术扩散等，到 20 世纪初，回归相关理论已在社会科学领域建立了坚实的应用基础。尤其值得一提的是，1907 年，尤尔发表论文《多元变量的相关理论》，对多元相关回归分析的符号进行系统化和标准化，彻底解决了此前由于记号混乱在方法普及方面带来的障碍问题。对于尤尔在此领域的工作，施蒂格勒进行了高度评价：高尔顿、埃奇沃思和卡尔·皮尔逊联手在回归、相关领域掀起了一场革命，但正是尤尔的工作形成了一套近乎完整的、严格的回归分析教程，标志着回归、相关理论初创阶段的最终完成。

概言之，尤尔以回归、相关等统计学的基本概念为出发点，毕生致力于从社会视角研究统计学，融理论和应用为一体，他以对社会和经济数据进行搜集、处理、定量和定性分析、实证研究为切入点，通过对社会问题的批判与探讨、对数值数据的谨慎应用与理性解释，一方面将统计学方法逐步扩展、延伸、开拓到自回归等时间序列新理论，同时也极大地促进了统计技术在社会、经济、金融等领域的创新应用，其研究思路和研究方法逐渐成为社会科学领域的有力工具，为统计学家研究失业、进出口和死亡率等社会问题提供了技术路线和理论保障。同时，尤尔对太阳黑子周期等问题的系列探究，引导着他逐步从"回归"拓展到体现时间相关的"自回归"，开创了现代时间序列分析学科。

4.4 尤尔首创线性自回归 AR(2) 模型

4.4.1 变量差分方法和时间相关问题

夸张一点的说，尤尔开创时间序列回归分析方法纯属偶然，其起因是基于自己的一大困惑：为什么统计学家经常会从时间序列数据中得到一些奇怪的相关？尤其是当处理经济数据和社会数据时，这些不合常理的相关更是经常出现。尤尔在 1921 年和 1926 年的两篇文章中，逐步地解决了这一疑问，同时也构成了他研究时间序列分析的基础性工作。

尤尔研究时间序列分析的第一篇文献《特别讨论变量差分相关方法，阐述时间相关问题》，也是他 1921 年在皇家统计学会上的讲稿，首先探讨了时间相关的本质问题。尤尔指出，时间相关问题是关于随着时间变化的两个变量之间的关系问题，统计学家对此特别感兴趣。文章列举了 1914 年以前已经做过的工作：坡印亭 1884 年借助于小麦价格及棉花和丝绸的进口问题讨论了关系的本质；胡克 1901年研究了结婚率和贸易的密切相关，其方法和坡印亭的方法大致相同，但他引入了相关系数和瞬时平均的概念，讨论问题更为精确。同时，胡克在 1901 年的另一篇文章《柏林农产品兑换率的悬而未决及其对谷物价格的影响》中，首次提出了差分方法，但他当时没有解决这个问题，直到四年后，才用谷物价格一例说明了差分方法的应用，并首次描述性地说明了滑动平均方法；1904 年，凯夫关于气压表相关问题的讨论中也使用了一阶差分方法；马奇则对整个问题进行总结。至此，尤尔概括得出：对于个别研究而言，时间相关问题可以说是不同持续时间振荡的分离问题，并且自信 1914 年以前的所有统计学家都会同意这一观点。

到 1914 年左右，一些统计学家把时间序列分析的焦点从序列的分解转换成假定变量是时间的函数，尤其是斯图登和安德森试图使用新技术把胡克的差分方法一般化，提出随机变量可以表示成关于时间 t 的多项式与随机残差的和，对序列进行高阶差分，直到剩余残差相关，斯图登和安德森的高阶差分观点可参见 2.1.3 节。但尤尔却对斯图登和安德森提出的变量只表示为时间的多项式函数和随机残差提出质疑，并抛出埃尔德顿(Ethel Mary Elderton，1878～1954)和卡尔·皮尔逊的观点——即便是任何适度数量的差分，也不能减小较短的周期性。那么，分离随机残差是否还有意义？差分是否趋向于减小周期项？为了解答疑问，尤尔借助于调和函数对变量差分方法进行探讨，究其原因，是因为他认定许多经济时间序列模型中都包含调和函数。为此，尤尔假设

$$u_0 = A\sin 2\pi \frac{t+\tau}{T}, \quad u_1 = A\sin 2\pi \frac{t+\tau+h}{T}, \quad u_2 = A\sin 2\pi \frac{t+\tau+2h}{T}, \quad \cdots \quad (4.1)$$

其中，T 为周期，τ 为相位，h 为间隔，A 为振幅，则一阶差分

$$\Delta_0 = 2A\sin\left(\pi\frac{h}{T}\right)\cos\left(2\pi\frac{t+\tau+0.5h}{T}\right)$$

$$= 2A\sin\left(\pi\frac{h}{T}\right)\sin\left(2\pi\frac{t+\tau+0.5h+0.25T}{T}\right)$$

和二阶差分

$$\Delta_0^2 = 2^2 A\sin^2\left(\pi\frac{h}{T}\right)\sin\left(2\pi\frac{t+\tau+h+0.5T}{T}\right)$$

从一阶差分到二阶差分，振幅 A 显然是原来的 $2\sin\left(\pi\frac{h}{T}\right)$ 倍，相位增加 $\frac{0.5h+0.25T}{T}$，结合振幅的变化及其图形，以及 T 从 2～15 年时的 6 阶差分值表，尤尔分析讨论得出：差分的目的不是逐渐地减小周期项，而是有选择性地强调有 2 年的周期项，或者更一般地说，是有两个间隔的周期项。为了增加结论的说服力，尤尔还结合相位的改变分别进行了 $h = \frac{T}{6}$，$\frac{T}{2}$，$\frac{T}{4}$ 和 $\frac{T}{8}$ 时数值上的计算，检验了上述结论。而且尤尔通过随机序列的高阶差分证实：不管序列是否建立在调和函数的基础上，2 年持续时间的振荡将影响差分的结果，差分可以消除趋势项，也可以消除周期项，但要消除周期项，关键是要确定合适的差分步数，步数不同，差分的结果也不一样，当采用周期差分时，并不是任意的差分都能消除周期项。最后,通过对英国 1850～1908 年间婴儿死亡率序列和意大利经济指数两个序列进行分析，尤尔强调，k 阶差分中包含 2 年、3 年、4 年或 5 年等持续时间振荡的真实分量，依赖于数据中它们相关的幅度，周期项的减小与周期的长短有关。

但是，时间相关问题仍然困扰着尤尔，他认为时间不能是一个因果因素，变量不是与时间相关，他不能认同变量是时间的函数这一假定，而这一关系却隐含在变量差分方法和调和分析中，于是，尤尔从其物理学背景出发，以差分法的应用和对时间相关问题的求解为基础，通过试验进一步探索时间序列无意义相关的问题。

4.4.2 时间序列的分类和无意义相关问题

1926 年的第二篇文献《在时间序列中为什么有时会得到无意义的相关——对时间序列本质和样本的研究》，首先通过对比分析 1866～1911 年间，英国在教堂结婚的人数占全部结婚人数的比例与每千人的标准死亡率之间的相关关系，解释了无意义相关的含义：在通常的相关检验下，变量 x、y 是高度相关的，是数学上有意义的相关，但这类相关没有任何实际意义，其实是零相关的。然后讨论当两个变量 x、y 服从具有较长时间间隔的正弦曲线时，相位的差异将使得大范围内的相关为 0。文中以 $\frac{1}{4}$ 周期的相位差异为例，假定间隔无限小时，以直代曲，中心元沿着图形从左向右移动，相关系数从 -1 变化到 1，没有其余的中间项，也就是说，相关的分布是双峰分布。尤尔分别给定了长度为 0.1, 0.3, $\cdots$, 0.9 个周期时，调和曲线两个瞬时有限元之间的相关频率分布，并分析得出：这些分布图都是 U-形和对称的。我们在时间序列中有时会得到无意义的相关，就是因为在某些状态下，一些时间序列在某种程度上和前面所列举的调和序列相似。而且，尤尔通过试验得出：当两个试验序列的随机样本具有 U-形相关分布时，不只是每一个序列正相关，而且它们的差分序列也是正相关。尤尔意识到，无意义相关正是由于序列或升或降，根本就不处于水平状态的原因所致，这就促使他根据序列相关的本质，即协方差函数 r_k 的形式，对时间序列进行了分类：

① 零相关的随机序列 a，b，c，d，$\cdots$，属于最简单的情形，对于二元相关不存在任何问题；

② 序列本身是相关的，但其一阶差分是随机的，这类序列可以通过对①中的随机序列连续相加形成，如 a，$a+b$，$a+b+c$，$\cdots$；

③ 序列本身和一阶差分都是正相关的，但其二阶差分是随机的，可以通过对②中的新序列再次相加形成，如 a，$2a+b$，$3a+2b+c$，$4a+3b+2c+d$，$\cdots$。

尤尔分析讨论了三类序列并得到：相关的分布特别依赖于一阶差分的相关性，而不是序列本身的相关性。所以，根据一阶差分的相关性，重点分析了第③类序列，尤尔称之为差分本身也是连接序列的连接序列。因为正弦序列一阶差分的相关与变量本身的相关完全相同，正是这类序列的典型例子，所以，尤尔以正弦波动为例进行研究，发现该类序列趋向于给定一个完全发散、U-形的相关频率分布，趋向于在样本间产生高度正相关或负相关，而与相关的真实值没有任何联系。当然，这也就是在二元分析中特别容易导致错误推断的危险序列，即产生无意义相关的序列。与此类比，尤尔也分析了第②类序列，他称之为差分随机的连接序列，该类序列将会产生较高的标准误差，但一般不会被误导为无意义相关。尤尔也通过分析著名的贝弗里奇小麦价格指数序列和格林尼治降水量序列，验证了上述结论。

当然，尤尔也特别强调了振荡序列在统计学中的重要性。事实上，振荡序列出现的频率最高，因为真正的周期序列是很特殊的，但振荡序列不一定具有周期性，尤尔 1927 年的文献《特别研究沃尔夫的太阳黑子数，探讨受扰动序列周期的方法》研究了振荡时间序列。

至此，尤尔解决了困惑自己多年的一大难题，他可以清楚地识别，并且从数学角度描述无意义相关的序列，这类序列的时序图对于较长的周期展示了或升或降的趋势，而这种趋势给出序列对应时间的连续性，时间不是一个因果因素，序列也不是和时间相关。大量的时间序列，尤其是经济时间序列的有关数据证实，序列是部分地自我决定的。变量不是其他因果变量的简单函数，比如，x 关于 y 的回归关系；也不是时间的简单函数，比如，y 的周期图中的关系，它们有自己的自我决定生命表。尤尔用相关去决定以前的哪一个值和另一个值最高度相关，什么间隔、什么位置间可以产生最高的相关，这正是尤尔创建 AR(2)、AR(4)模型的指导性思路。

4.4.3 模型创建和回归分析法

1927 年的这篇文献是尤尔研究时间序列分析的第三篇文献，堪称经典之作，文章运用序列相关和回归的技巧，把太阳黑子序列类比于受扰动的单摆运动，研究了振荡时间序列的周期。

1. AR(2)模型

文章首先利用叠加波动和扰动分析单摆运动。图 4.3(a)表示只受到随机波动的简单调和函数，其随机误差由掷骰子决定；误差量增大，如图 4.3(b)所示，这两种情形都可以用舒斯特的周期图方法进行分析，而且当给定的周期数充分大时，周期图分析中的周期和振幅就会与基本调和函数的周期和振幅极其逼近。当我们在较短的等时间间隔内观察单摆运动的偏差时，观察误差会引起图 4.4 所示的那种叠加波动，自动记录方法和器械的改进可以减小误差。当单摆只受到豌豆对它的随机投掷，并且时而在这一侧，时而在另一侧，此时单摆只受真实的扰动，而不是叠加波动。

为了创建对这类曲线的逼近，对于(4.1)式化简整理，可得二阶差分

$$\Delta^2(u_0) = -\left(4\sin^2\pi\frac{h}{T}\right)u_1 = -\mu u_1$$

显然，上式也可以整理为

$$u_2 = (2-\mu)u_1 - u_0 \tag{4.2}$$

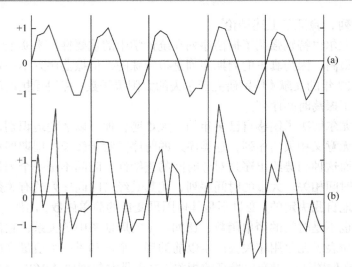

图 4.3　只受随机叠加波动的简单调和函数(振幅为 1)(Yule G U，1927)[268]

(a) 波动较小　(b) 波动较大

如果没有扰动项，根据(4.2)式，也可以给出一般项 u_x 与其滞后项 u_{x-1}、u_{x-2} 之间的关系式

$$u_x = (2 - \mu)u_{x-1} - u_{x-2}$$

如果有扰动，则记为

$$u_x = (2 - \mu)u_{x-1} - u_{x-2} + \varepsilon \tag{4.3}$$

其中，ε 是随脉冲或扰动变化的误差。

(4.3)式即为经典的 AR(2) 模型，也是现代时间序列分析的基础与起源。因为这是当前被称为平稳时间序列线性自回归的第一个完整的公式，也是误差项 ε 被用来表示随机扰动而不是测量误差的第一个例子。

尤尔依据(4.3)式作图 4.4，计算并分析得出：对于单摆运动，令人惊奇的是，尽管振幅和相位连续变化，但图形仍然保持平滑，即使增加扰动量也只是增加振幅，没有突变的量。同时，从沃尔夫的年太阳黑子序列图形上看，确实存在一些小的不规则性，意味着叠加振荡的存在，这可能是由观测误差的特性造成的，但总体上图形特别平滑，且和真实周期的偏离都是来自于振幅和相位的变化，和图 4.4 中的情形完全相同，而不同于图 4.3。所以，问题已经脱离开周期图分析方法，需要确定的不再仅仅是周期，而且包括扰动 ε 的值，显然要从(4.3)式入手，当只有一个周期时，假定 $\varepsilon = 0$，可得到 $u_x = ku_{x-1} - u_{x-2}$，其中 $k = 2 - \mu$ 由最小二乘法决定。利用这种方法，尤尔对图 4.4 分成两组进行试验，结果很满意。但当把 1749～1924 年的太阳黑子序列作为一个整体进行研究时，得到周期为 10.08 年，

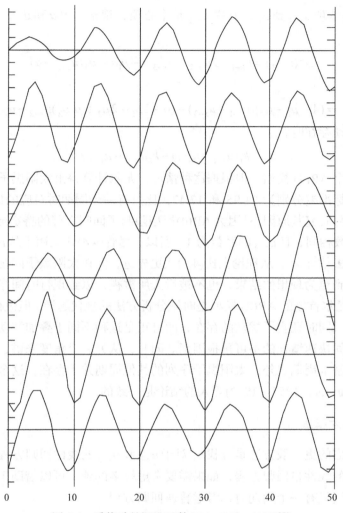

图 4.4　受扰动的调和函数(Yule G U，1927)[270]

尤尔认为该周期明显太低，究其原因，可能是由于叠加波动的存在，所以，尤尔对数据分组，以减小不规则性，算得周期为 11.03 年，与通常给定的值比较接近，扰动标准差也大大降低。对于未分组和已分组的太阳黑子序列，尤尔利用点图验证了 $u_x + u_{x-2}$ 对于 u_{x-1} 的线性回归关系。

2. AR(4)模型

当有 2 个周期时，设一般项

$$u_x = A_1 \sin 2\pi \frac{t + \tau + xh}{T_1} + A_2 \sin 2\pi \frac{t + \tau + xh}{T_2}$$

给定 5 个连续项 u_{x-4} 到 u_x，其中 u_{x-2} 是中心项，视 u_{x-2} 为 a 和 $u_{x-2} - a$ 的复合，则有

$$\Delta^2(u_{x-3}) = u_{x-1} - 2u_{x-2} + u_{x-3} = -\mu_1 a - \mu_2(u_{x-2} - a)$$

整理可得

$$u_x = (4 - \mu_1 - \mu_2)(u_{x-1} + u_{x-3}) - (6 - 2\mu_1 - 2\mu_2 + \mu_1\mu_2)u_{x-2} - u_{x-4}$$

当有扰动存在时，

$$u_x = k_1(u_{x-1} + u_{x-3}) - k_2 u_{x-2} - u_{x-4} + \varepsilon \tag{4.4}$$

这是一个 AR(4) 模型，但根据这种情形，尤尔计算得出太阳黑子序列和分组序列的扰动标准差分别为 21.95 和 17.47，比只有一个周期时对应的标准差 17.05 和 11.43 还要高，究其原因，是因为 AR(4)模型限制了回归方程的特定形式——u_{x-1} 和 u_{x-3} 的系数相同，且 u_{x-4} 的系数为 1。所以，尽管(4.4)式运用了从 u_{x-1} 到 u_{x-4} 共四个滞后项去估计 u_x，从理论上比(4.3)式更先进，但在太阳黑子问题的研究中却没有能够得到更为理想的结果，也不被后人所重视，以致现行时间序列分析领域普遍认为，尤尔首创的 AR(2) 模型是时域分析方法的现代起源。但值得一提的是，上述分析结果同时证实了扰动的存在，而且正是这种不同于叠加波动的扰动，给定了随着时间快速增长的不可预报因素。同时，从另一个角度来讲，这个结果也显示，除了基本周期之外，太阳黑子序列的其他周期并不存在，这个推断与拉莫尔(Joseph Larmor，1857~1942)等人的结论是一致的。

3. 回归方程法

尤尔考虑的更一般方法是寻找 u_x 对于 u_{x-1} 和 u_{x-2} 的线性回归方程，也就是我们目前定义的线性自回归方程，如果需要考虑较多的项，可以借助于有限差分方程来解决，当只有一个周期时，考虑普通回归方程

$$u_x = b_1 u_{x-1} - b_2 u_{x-2} \tag{4.5}$$

如果曲线有周期，则方程

$$E^2 - b_1 E + b_2 = 0$$

的根必定是虚数。设根为 $\alpha \pm \mathrm{i}\beta$，令

$$\alpha^2 + \beta^2 = b_2 = \mathrm{e}^{2\lambda} \quad \text{和} \quad \tan\theta = \frac{\beta}{\alpha}$$

则差分方程(4.5)式的一般解为

$$u_x = \mathrm{e}^{\lambda x}(A\cos\theta x + B\sin\theta x)$$

当 $\lambda < 0$ 时，方程的解表示阻尼调和振动；当 $\lambda = 0$ 时，方程的解表示简单的

调和振动，此时 $b_2 = 1$。利用回归方程法，尤尔检验了图 4.3 中的数据和太阳黑子序列，计算得出的周期与调和曲线方程中的结论极其接近。尤尔又通过引入偏回归及其比率，结合从(4.5)式中推断的扰动，总结得到太阳黑子序列的两大基本特征：

① 太阳黑子序列中，正向的、高度变化的扰动占优势的趋势与恰好完全相反的趋势以 40～42 年的间隔交替出现；

② 太阳黑子序列存在正扰动接近太阳黑子数的最大值、负扰动接近最小值的趋势。

由于最终所需要的不是关于时间的简单阻尼调和函数，而是阻尼调和振动的平方，这个差分方程有第三项，因此，除了 u_{x-1} 和 u_{x-2}，在回归方程中还需要探求包括 u_{x-3} 在内的项，但是，相关的调查表明，把 u_{x-2} 以后更多的项代入未分组的数据是没用的，即使对于分组数据，作用也是很小，又一次强调了扰动才是随时间快速增长的不可预报因素。因此，虽然回归方程的形式看起来充满希望，但结论却令人失望，更深入的工作思路被阻塞。

4. 回归分析法对周期图分析法的取代

为了比较回归方法与以前的周期图分析方法，尤尔对扰动序列进行两次试验。第一次是把所有观察对象分成 4 组，每组大约有 70～80 个对象，讨论了 7 个周期；第二次是把序列作为一个整体，在 9～11 个周期之间进行细致的周期图分析。结果表明：当只有 7 个或 8 个周期时，试验结果高度不稳定；而当周期数比较大时，比如 30 个，由于基本周期强度的减少，使得其主要影响是带的加宽，从而造成了误差的较大边缘，这可能会使人产生误解。所以，尽管周期图是以前决定周期的基本工具，但在受扰动和线性回归模型中却是无效的，周期图分析法所代表的频域方法逐渐被尤尔开创的时域分析方法所取代。

尽管尤尔谦虚地认为自己使用的调和曲线方程和回归方程法未必是最好的方法，甚至也不可能在任何情况下都适用，但尤尔自信这里提出了一个新的问题。事实上，正是尤尔建立与比较了对于经验序列、太阳黑子数序列的调和曲线方程和回归方程，才使人们理解并不是所有的时间序列都可以看作时间的函数，与其滞后变量相关的时间序列是存在的，因而，尤尔引入的自回归模型，恰恰是对时间序列变量之间关系的客观反映，也是对原来将时间序列普遍看作时间函数的一种修正和改进，才逐步取代了舒斯特的周期图分析法，使人们离开了时间序列的频域方法，开始了长达 30 多年的时域分析方法，所以，目前公认尤尔是现代时间序列分析的开山人，他为该学科的形成与发展做出了最基础的开创工作。

延伸阅读 尤尔与作者身份识别研究

　　国内对作者身份的识别研究以《红楼梦》为主体，源起于 1980 年华裔学者陈炳藻先生的论文《从词汇统计论证〈红楼梦〉的作者》，文章将《红楼梦》按章回顺序分成 A、B、C 三组，每组四十回，并以《儿女英雄传》作为 D 组进行对比研究，通过考察各组前后用字、词的相关程度，论证了后四十回的作者确系曹雪芹。此文一经在美国威斯康星大学首届国际《红楼梦》研讨会上宣读，即引起国际红学界的高度关注，学者们纷纷赞同和积极支持这种数学统计和计算机文本分析方法，当然也有不同见解，如陈大康先生从数理语言学角度出发，通过计算某些字词的出现频率等统计方法否定了陈炳藻先生的结论；学者刘颖、肖天久等运用假设检验、数据标准化和归一化、层次聚类、均值聚类等多种现代统计方法，从计量风格学层面直观描绘了《红楼梦》前八十回与后四十回的具体差异。目前关于作者身份的识别研究已扩展到较大范围，所使用的统计方法也更加丰富，如张京楣、年洪东、刘明勇等基于写作风格学技术对现当代文学作品进行了作者识别研究等。值得强调的是，上述文献都不同程度地提及，最早利用统计方法进行作者身份识别研究的是英国统计学家尤尔，但尤尔的思想方法及其对现代研究的影响却鲜有提及，本节通过对尤尔原始文献的细致剖析，从全新角度展现尤尔实证研究作者身份识别问题的具体思路和历史过程。

一、诠释理论思想方法——"句子长度"是探讨作者写作风格的重要工具

1. 明确样本采集标准，形成规范的统计数据

　　现代统计分析强调，样本数据的指标口径、计量单位、计算方法和计算范围等必须严格一致，若存在偏差，则要运用科学的方法进行适当调整，使其具有完全相同的实际意义，否则，即使对不规范的样本数据进行了统计分析，其结果也是毫无价值的。作为时间序列分析学科的创始人，尤尔显然对此驾轻就熟。因此，为利用"句子长度"探讨作者的写作风格，尤尔首先界定句长的度量标准，不仅从普通读者的角度剖析了句子和单词的涵义，而且进一步强调了标点符号对句子完整性的不同影响等。

　　尤尔对计量方案进行了极其细致的说明，比如，过去惯用的词汇 it self、every thing，当前常写为 itself、everything，尤尔明确指出，这类词统一按照现代用法记作 1 个单词；合成词 law-courts、out-of-the-way 等分别按照所包含单词的数量记作 2 个和 4 个单词；包含 every thing 等第一类特殊词汇的合成词如 something-nothing-everything 记作 3 个单词；而根据固定搭配组成的新词汇如

matter-of-factness 则记作 1 个单词；缩略词如 viz.、i.e.、etc.等统一记作 1 个单词。同时，尤尔细致阐述，任何利用数字表示的数值，如 251、3251452 和 $\frac{3}{4}$ 等，无论其实际数值的大小，都记作 1 个单词；数字表示的年份和货币数量也同样记作 1 个单词；但若时间中同时包含月份和日期，如 January 10th 等则记作 2 个单词。最后，尤尔还特别解释了对作者所使用不同类型"引语"的处理方式，严格的度量标准使样本搜集规范、操作性强，为最终形成完备的、系统的统计数据序列铺垫了坚实的基础。

2. 定性描述和定量分析相结合，实证推断理论方法

为推断句长是否能够确切反映作者独特的写作风格，尤尔精心挑选了四位作者培根(Francis Bacon，1561～1626)、柯尔律治(Samuel Taylor Coleridge，1772～1834)、兰姆(Charles Lamb，1775～1834)和麦考莱(Thomas Babington Macaulay，1800～1859)，选取每个人的一部经典作品作为研究对象，并把各组数据进一步分成样本 A 和样本 B。尤尔详细统计，并列表展示了各样本中分别由 1～5，6～10，11～15，…个单词构成的句子数量，除培根的作品共包含了 936 个句子外，尤尔在其余三人的作品中分别选取了约 1200 个句子，样本 A、B 各 600 个句子左右。对句子长度的分布状况，尤尔首先进行定性描述和双重比较，其中包括对每位作者两组样本的纵向对比，以及四位作者之间的横向比较。

为直观解释尤尔的结论，笔者根据其样本数据表作了培根两组样本的句长分布时序图，图 4.5 表明，尽管样本 A、B 的句长分布略有差异和不规则波动，但两者总体上极其相似：长度为 11～15 个单词的句子显著增多，数量最多的都是 31～35 个单词的句子，然后分布图缓慢衰减，直到长度位于 100～200 个单词时，句子明显减少，超过 200 个单词的句子只有几个。对其余三位作者进行同样的对比考察，发现每人的两组样本分布图都差别较小、整体相似，但根据四位作者整体作品的句长分布图(图 4.6)易知，不同作者习惯使用的句子长度存在显著的区别：与培根相比较，柯尔律治、兰姆和麦考莱更擅长短句，他们使用频率最高的句子长度分别是 21～25、6～10、11～15 个单词，明显低于培根的峰值——31～35 个单词，尤其是兰姆和麦考莱，分布图更陡峭，不仅使用数量最多的句子显著变短，而且短句频数较大。从长句的角度而言，麦考莱最长的句子仅包含 122 个单词，全部样本中只有 3 句超过 100 个单词；兰姆唯一的最长句位于 171～175 个单词，其余均未超过 140 个单词；柯尔律治的最长句包含 198 个单词，超过 150 个单词的句子已非常少；只有培根的句子最长，其中 2 句包含 226～235 个单词，甚至 1 个句子由 311 个单词构成。说明一下，由于柯尔律治、兰姆和麦考莱的句子长度都未超过 200 个单词，为方便作图，图 4.6 中略去了培根超过 200 个单词

的 3 个长句。

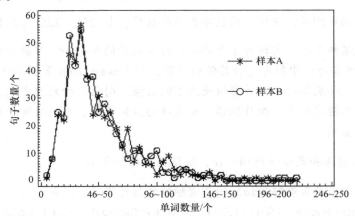

图 4.5　培根作品两组样本的句长分布图

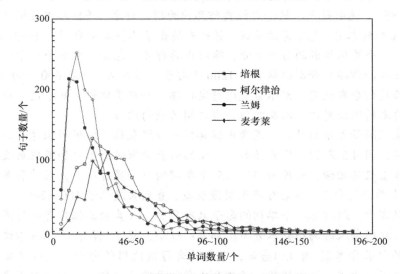

图 4.6　四位作者整体作品的句长分布图

尤尔不仅借助图表简单地比较句子长度的异同，而且明确提出要利用统计方法进行定量分析，尤尔选择算术平均值、中位数、下四分位数 Q_1、上四分位数 Q_3、四分位数间距 $Q_3 - Q_1$ 和九分位数 D_9 等统计量，度量呈现典型长尾特征的样本分布图。表 4.2 列出了培根分组样本以及四位作者总体样本句长分布的统计量数值，容易发现，对于培根的两组样本 A、B，各统计量非常接近，除 D_9 相差 2.4、Q_3 相差 1.5 外，其余均相差不足 1 个单位，样本统计量更精确地反映了两组样本的相似程度。对其余作者的分组样本进行对比分析，基本情形与此类同，不再赘述。反观四位作者的总体样本，各统计量差异显著：培根的样本统计量最大，差别最明显的是 Q_3 和 D_9，凸显了其长句风格；柯尔律治的统计量次之，兰姆和麦考莱的统计量整体偏低，两者相比之下，麦考莱的均值、Q_3、$Q_3 - Q_1$ 和 D_9 明显低于兰姆的相应统计量，中位数和 Q_1 几乎相等，与图 4.6 中两分布图形状类似又迥然不同的特点相一致。

表 4.2　四位作者所使用句子长度的分布统计量

统计量	培根样本 A	培根样本 B	培根	柯尔律治	兰姆	麦考莱
均值	48.4	48.5	48.5	40.3	26.2	22.1
中位数	39.4	39.4	39.4	34.9	19.1	18.6
下四分位数 Q_1	27.2	26.4	26.8	22.3	11.0	11.7
上四分位数 Q_3	61.7	60.2	60.9	51.3	33.7	27.8
四分位数间距 $Q_3 - Q_1$	34.5	33.8	34.1	29.0	22.7	16.1
九分位数 D_9	89.5	91.9	91.0	73.1	54.9	40.6

至此，尤尔断定：句子长度确系反映作者写作风格的可量化指标，根据句长分布可判别两项工作是否同一作者所为，尤尔进一步利用样本标准差进行分布检验，最终证实了句子长度可作为识别作者身份的理论工具。

二、两个经典案例——对争议作者的身份识别研究

尤尔从事作者身份识别研究缘起于他对拉丁语的喜爱，20 世纪 30 年代，尤尔读到拉丁文原著 *De Imitatione Christi*(中文版本译作《师主篇》)，由此了解到当时社会上的热议——坎贝斯(Thomas À Kempis，1380～1471)和格尔森(Jean Gerson，1363～1429)究竟谁是该书的真正作者？与此同时，统计学历史上对英国学者格朗特的《死亡公报》也存在争议，有人指出此书系威廉·佩蒂所著。统计学家的专业身份和深厚的文学素养促使尤尔以上述两个经典案例为切入点，开始探究统计方法在作者身份识别研究方面的应用。

1. 《师主篇》的作者——坎贝斯还是格尔森

为探讨《师主篇》句子长度的分布特征，究竟是类同于坎贝斯的风格还是更接近于格尔森的作品，尤尔共选取了四组样本：第一组是《师主篇》I-IV卷的1221 个句子；第二组的 1212 个句子来自于确系坎贝斯所著的 10 部作品；第三组的 1217 个句子来源于格尔森的 10 部歌剧；第四组则是以"纯随机模式"在格尔森作品中选取的 1200 个句子。尤尔把每组样本又分成样本 A 和样本 B，在文章

中细致阐述了所有样本的选取方法和具体来源，以及对文献中引语的处理方式等。尤尔依然通过定性描述、列表比较和统计量剖析等技术手段处理样本数据，根据四组样本的句长分布图(图4.7)，来自于《师主篇》的样本一和来自于坎贝斯其他作品的样本二比较相似，选取于格尔森作品的两组样本也极其相似，但前两组样本与后两组样本差异显著：尽管使用频率最高的句子长度都是11～15个单词，但前者使用6～20个单词的短句之频率，远远超过了后者。就中长句而言，尤其是长度为41～65个单词的句子，格尔森的使用频率显著高于坎贝斯。格尔森还习惯使用长句，样本三和样本四的最长句都超过了126个单词，而《师主篇》的最长句是106～110个单词，次长句是76～80个单词，样本二的最长句也仅包含91～95个单词。长短句之显著差异充分体现了两位作者截然不同的写作风格，根据四组样本计算的均值等分布统计量也同样证实，《师主篇》的作者确系坎贝斯，而非格尔森。

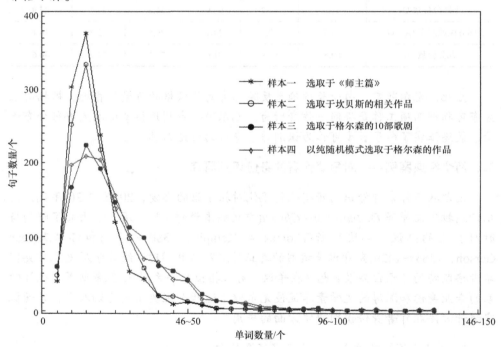

图4.7　选取于坎贝斯和格尔森作品的四组样本句长分布图

2. 《死亡公报》的作者——格朗特还是威廉·佩蒂

由于格朗特没有其他作品留存于世，且《死亡公报》是一个句子长、表格多、只有80余页的小册子，抛开序言和附录，尤尔在《死亡公报》中仅搜集到335个句子。为判断文章前后章节写作风格的连贯性，尤尔把上述335个句子分成大致相等的三组样本 A、B、C，然后在威廉·佩蒂《政治算术》等作品中有序选取两组样本 A 和 B，按照随机选取段落的模式给定样本 C，进行对比研究。为节约篇幅，本小节仅列出样本统计量表 4.3，由此易知，除了威廉·佩蒂样本 C 的中位数和下四分位数 Q_1 略低于格朗特样本 A 的对应数值，威廉·佩蒂的其余各统计量数值显著高于格朗特，差异尤其明显的是上四分位数 Q_3 和九分位数 D_9。因此，《死亡公报》的句长分布完全不同于威廉·佩蒂的经济学著作，格朗特系《死亡公报》的真实作者。

表 4.3　格朗特《死亡公报》和威廉·佩蒂作品句子长度的分布统计量

统计量 \ 样本	格朗特			威廉·佩蒂		
	样本 A	样本 B	样本 C	样本 A	样本 B	样本 C
均值	50.1	45.5	46.9	66.1	60.2	56.3
中位数	45.2	38.0	37.4	56.9	51.3	44.0
下四分位数 Q_1	31.2	23.8	26.3	36.1	34.7	29.0
上四分位数 Q_3	63.3	55.5	65.5	83.2	79.0	73.7
四分位数间距 Q_3-Q_1	32.1	31.7	39.2	47.1	44.3	44.7
九分位数 D_9	85.2	85.0	85.2	126.0	109.3	110.1

三、尤尔对计量风格学的学术影响

尤尔首次提出利用句子长度进行作者身份识别研究，此后陆续提出"尤尔图"等方法研究单词频率，正是尤尔的思想逐步引领现代学者开启了计量风格学的研究——通过考察一定数量语料中的平均词长、平均句长，或作品所使用字、词、句的频率和相关程度等，进而了解和掌握作者的写作风格。

同时，作为统计学家，尤尔不仅高度重视样本选取的一致性、随机性、准确性等基本原则，而且严格从定性分析、统计量定量分析两个层面对样本进行分组对比研究，此后更是利用多种统计方法，从不同角度系统研究文学作品的写作风格，有效搭建了现代统计学和计量风格学的桥梁。

第 5 章

时域分析方法的持续发展——各类平稳模型的创建

1846 年，统计学家凯特勒指出，统计学是动态的，通常与当前相联系，而把过去留给历史、将来留给政治。若干年后，统计学家不再满足于这种状态，他们不仅观察过去，以搞清楚经济的动态变化，追寻经济"衰败—顶峰—再衰败"的缘由，而且关注未来，试图预测天气、价格、对外汇率或者出口量等。显然，当统计学家使用概率工具分析过去和将来时，一些平稳条件是不可或缺的，凯特勒早已注意到这一点，他根据对样本数据的统计分析研究"静止空间"。所谓静止空间，是指可以有效使用方程与概率算法的函数空间，凯特勒借助循环时间图等工具研究静止空间，其理论基础是频率分布、均值和偏差等概念。但统计学家在利用时间序列数据探索过去和将来时，通常忽视了运动条件下的静止状态，需要说明，尽管伽利略(Galilei Galileo，1564～1642)和牛顿(Isaac Newton，1643～1727)确实发现了运动和静止等同的情形，并证实了从物理学的角度而言，匀速直线运动与静止状态并没有本质的区别，但静止和运动之间，还是存在着一定的差异。时间序列的早期研究者试图分离与静止状态等同的波动，他们努力的结果是，把时间序列分为平稳性和非平稳性序列，然后把非平稳性序列处理到只剩余平稳状态。因此，众多统计学家试图从理论上探究隶属于静止空间的时间序列模型，先后涌现出一些影响巨大、意义深刻的典型研究，除了前文已讲述的尤尔的奠基性工作之外，沃克、斯卢茨基和沃尔德也陆续创建了相应的平稳时间序列模型。

5.1 沃克拓展的 AR(s)模型

5.1.1 沃克气象学的研究背景

1868 年，沃克(图 5.1)出生于英国的罗奇代尔，中学时已表现出对数学、力学的浓厚兴趣，并获得圣保罗学校的数学奖学金，然后进入剑桥大学三一学院学习。作为剑桥大学公认的应用数学家，1895 年，沃克留校任教，后升为讲师。由于其在理论和应用数学研究中的杰出成就，1904 年沃克被评选为皇家学会会员。有趣的是，作为皇家学会会员，沃克一生的主要研究方向却是天气问题，1903 年，沃克离开剑桥大学任印度气象局的气象助理，这是由于当时印度正受到非常严重的季风影响：若季风异常弱则雨量少易导致干旱，若季风强则雨量特大会引起洪灾，这两种情况都会导致粮食的大幅减产，从而引起饥荒。1899～1900 年印度曾经发生了上述灾害，带来了巨大的经济损失，因此，对季风的预报是印度气象局乃至全国的一项重要课题，在此背景下，印度气象局前任局长埃利奥特(John Eliot)强力推荐沃克作为他的继任者，原因是他认为气象局局长应该由一个有很强数学背景的人担当。1904 年，沃克被任命为印度气象局局长，此后 20 多年，沃克便以统计学方法为主导，展开了对季风年际变化和全球天气的研究。

图 5.1　沃克

在沃克之前，印度气象局的研究者布兰福德(Henry Francis Blanford，1834～1893)已经密切关注了印度的季风模式，注意到其邻国缅甸的天气受喜马拉雅山脉的春季积雪影响很大。沃克对布兰福德的思想进行严格的定量推理，成立了研究团队计算天气参数的相关性。通过分析来自印度和其他地区长达十五年的天气数据，沃克发现印度季风的变化与全球天气有一定的联系，沃克团队根据历史天气记录探究了南美洲的降水量与海温变化的关系，指出印度洋和太平洋之间的大气压力存在跷跷板式振荡关系，并且这种波动振荡与包括印度在内的地球上大部分热带地区的温度和降水模式有关。同时沃克进一步推断得出，东、西太平洋的一些观测站，如东太平洋的塔希提岛和澳大利亚的达尔文港口等，其大气压关联度很高：东太平洋观测站的气压上升，则西太平洋观测站的气压会下降，反之亦然。1928 年，沃克向皇家气象学会提交的论文中，将这种跷跷板式的气压型定义为南方涛动，即现在所谓的厄尔尼诺南方振荡。在后续研究中，沃克还给出了如何测量两个地区之间的气压差，并明确指出，当气压东高西低时，印度的季风雨量则较大；而东西气压差异不大时，雨量则很小，甚至无雨。沃克还进一步研究指出，干旱不仅会袭击澳大利亚、印度尼西亚和印度，而且还会波及非洲的次撒哈拉沙漠地带，并认为这些不同的天气事件实际上是同一现象的不同组成成分。沃克正是在利用统计技术研究印度季风和世界天气的过程中，逐步提出了变量及其滞后项之间的相关度量方法，以及一系列的回归方程，即后来在时间序列领域著名的尤尔—沃克自回归方程。下面以沃克具体构建 AR(s) 模型的原始文献为基础，细致解析其统计思想及应用。

5.1.2　对尤尔建模工作的概括

1931 年，沃克首先总结了尤尔对周期问题的创新性发展：除了把太阳黑子数序列看作受随机扰动的调和序列，尤尔还在连续年太阳黑子数之间假设一定的因果关系，把系统视为含有一个或多个易受阻尼的自然物理振荡，随机扰动生成了平滑曲线，当太阳黑子数发生变化时，曲线周期的振幅和长度也都发生变化。

若有一个自然周期，则

$$u_x = ku_{x-1} - u_{x-2} + v_x$$

其中，v_x 代表来自系统外部的偶然扰动①。

若有两个自然周期，则

$$u_x = k_1(u_{x-1} + u_{x-3}) - k_2 u_{x-2} - u_{x-4} + v_x$$

而回归方程

$$u_x = g_1 u_{x-1} - g_2 u_{x-2} \tag{5.1}$$

可导致阻尼调和振动

$$u_x = e^{-\lambda x}(A\cos\theta x + B\sin\theta x)$$

其中，$e^{-\lambda \pm i\theta}$ 是方程 $y^2 - g_1 y + g_2 = 0$ 的根，尤尔运用(5.1)式讨论序列 u_x，并根据最小二乘法确定其系数 g。

5.1.3 沃克的建模思路

以尤尔的工作为基础，沃克假设有连续多项的方程为

$$u_x = g_1 u_{x-1} + g_2 u_{x-2} + \cdots + g_s u_{x-s} \tag{5.2}$$

当受到扰动时，可以在方程的右边增加扰动项 v_x，即得

$$u_x = g_1 u_{x-1} + g_2 u_{x-2} + \cdots + g_s u_{x-s} + v_x$$

这就是一个 AR(s) 模型，对沃克而言，最重要的工作不在于他给出了这样一个模型，而在于他利用该模型所进行的推证，以及得到的有关结论和应用等，下面概述他的主要工作。

沃克对(5.2)式两边同乘以 u_{x-s-1}，对 x 从 $s+2$ 到 n 求和，由于 v_x 是偶然因素，$v_x u_{x-s-1}$ 作为相对无关紧要的项，在整个求和中可以忽略不计，故

$$\sum_{x=s+2}^{n} \{u_x u_{x-s-1} - (g_1 u_{x-1} u_{x-s-1} + \cdots + g_s u_{x-s} u_{x-s-1})\} = 0 \tag{5.3}$$

为了简化分析，不妨假设项数无限大，以致由于项数的有限性而引起的误差可以忽略不计。沃克指出，虽然与周期相联系的相关系数法不是一种新方法，但却被广泛使用。若设序列相关系数为 $r_1, r_2, \cdots, r_p, \cdots$，其中，$r_1$ 是相邻两项之相关系

---

① 目前通常采用 ε 或 ε_t 表示扰动，尤尔原文中用的也是 ε，但沃克原文中用 v_x 表示扰动，此处未作更改，以及后面沃尔德使用的一些符号，与当前的常用符号也略有差异，本书在分析这些数学家的工作时，尽量忠实于原著，未做符号的改动。

数，$\cdots$，r_p 是相差 p 个间隔的两项之相关系数，序列标准差记为 d，若第 n 项到第 $n-s$ 项的标准差相同，则(5.3)式可以化为

$$(n-s-1)d^2\left\{r_{s+1}-\left(g_1r_s+g_2r_{s-1}+\cdots+g_sr_1\right)\right\}=0$$

即

$$r_{s+1}=g_1r_s+g_2r_{s-1}+\cdots+g_sr_1$$

同理，对(5.2)式两边同乘以 u_{x-s-2} 并求和，可得

$$r_{s+2}=g_1r_{s+1}+g_2r_s+\cdots+g_sr_2$$

一般地，可得

$$r_y=g_1r_{y-1}+g_2r_{y-2}+\cdots+g_sr_{y-s} \tag{5.4}$$

(5.4)式与(5.2)式结构相同，因此，当 n 很大时，相关系数序列(即 r 序列)和序列 u 逐项间的关系相同，两个序列有相同的特征方程

$$z^s=g_1z^{s-1}+g_2z^{s-2}+\cdots+g_s$$

设该特征方程的根为 $h_1,h_2,\cdots,h_s$，则(5.2)式的解为

$$u_p=U_1h_1^p+U_2h_2^p+\cdots+U_sh_s^p$$

其中，$U_1,U_2,\cdots,U_s$ 为常数。

(5.4)式的解为

$$r_p=R_1h_1^p+R_2h_2^p+\cdots+R_sh_s^p$$

其中，$R_1,R_2,\cdots,R_s$ 为常数。

此时，两个序列有相同的周期，特别是，当序列 u 中的弱阻尼振荡有 q 个间隔时，由于序列 r 和序列 u 的周期相同，$r_{q+1},r_{q+2},\cdots,r_{2q}$ 趋向于 $r_1,r_2,\cdots,r_q$，序列 r 也有相差 q 个间隔的周期，若序列 u 被阻尼，则序列 r 也被阻尼。由于相关系数以整个序列为基础，受偶然因素的影响较小，序列 r 的图形比序列 u 的图形更平滑，故根据序列 r 识别序列 u 的周期特征更精确，比直接使用序列 u 推证相关结论更有优势、更具有说服力。

为了进一步发现傅里叶周期和相关系数对应项之间的不同关系，沃克更加深入探讨，当每一项与其滞后项有最简单的相关性、有与持久性偏离的趋势时，可以设

$$u_s=tu_{s-1}+v_s$$

其中，t 为小于 1 的小数，则

$$u_s-u_{s-1}=-(1-t)u_{s-1}+v_s$$

因此，周期的持续性问题可以视为与力学系统中的阻尼问题等价，其缩减与

滞后项成比例。若 n 足够大，当去掉一项时，序列 u 和 v 的标准差 d 和 d' 不受影响，从而表明，t 等同于前文中 r_1 表示的相关系数，且

$$d'^2 = (1 - r_1^2)d^2 \tag{5.5}$$

序列 u 的傅里叶项为

$$\frac{n}{2}(a_q + \mathrm{i}b_q) = \sum_{k=1}^{n} u_k \mathrm{e}^{\mathrm{i}(k-1)q\alpha}$$

其中，$\alpha = \dfrac{2\pi}{n}$。

由于 u_0 未知，v_1 是未定的，当 n 足够大时，不妨假定 v_1 没有特别影响到傅里叶项，设 $v_1 = u_1 - r_1 u_n$，则扰动序列 v_x 的傅里叶项为

$$\frac{n}{2}(a'_q + \mathrm{i}b'_q) = \sum_{k=1}^{n} v_k \mathrm{e}^{\mathrm{i}(k-1)q\alpha} = \sum_{k=1}^{n}(u_k - r_1 u_{k-1})\mathrm{e}^{\mathrm{i}(k-1)q\alpha}$$

$$= (1 - r_1 \mathrm{e}^{\mathrm{i}q\alpha})\sum_{k=1}^{n} u_k \mathrm{e}^{\mathrm{i}(k-1)q\alpha} = \frac{n}{2}(1 - r_1 \mathrm{e}^{\mathrm{i}q\alpha})(a_q + \mathrm{i}b_q)$$

令 $c'^2 = a'^2 + b'^2, c^2 = a^2 + b^2$，则

$$c_q'^2 = c_q^2(1 - 2r_1 \cos q\alpha + r_1^2) \tag{5.6}$$

在物理学中已经推证，傅里叶项的振幅比率 $f = \dfrac{c}{2^{\frac{1}{2}}d}$，若序列只由单个正弦序列组成，则该比率为 1。因此令振幅比 $f' = \dfrac{c'}{2^{\frac{1}{2}}d'}, f = \dfrac{c}{2^{\frac{1}{2}}d}$，结合(5.5)式可得

$$\frac{f_q^2}{f_q'^2} = \frac{1 - r_1^2}{1 - 2r_1 \cos q\alpha + r_1^2} \tag{5.7}$$

如此看来，似乎是有两个物理系统，其中一个系统中的各项数值之间相互独立，也称为自由系统；另一个系统的持续性使相邻项之间存在关系 r，也称为持续系统。当对两个系统施加相同的扰动时，振荡已经持续了很长时间，在持续系统中已经得到了相当稳定的平均振幅，根据(5.7)式，自由系统的振幅 c' 将平均是持续系统振幅的 $(1 - 2r \cos q\alpha + r^2)^{\frac{1}{2}}$ 倍。

需要特别说明的一点是，当间隔 q 满足 $1 \leqslant q \leqslant \dfrac{n}{2}$ 时，$\dfrac{2\pi}{n} \leqslant q\alpha \leqslant \pi$，从而可得 $0 \leqslant q\alpha \leqslant \pi$，实际上，一般情况下，$q \leqslant \dfrac{n}{6}$，$q\alpha \leqslant \dfrac{\pi}{3}$。比如，当 $n = 120$ 时，周期 $T = 20, q = \dfrac{n}{T} = 6$，则 $q\alpha = \dfrac{\pi}{10}$；$T = 8, q = 15$，则 $q\alpha = \dfrac{\pi}{4}$。从而可得，

$$\frac{1+r}{1-r} \leqslant \frac{f^2}{f'^2} \leqslant \frac{1-r}{1+r}$$

当 $\cos q\alpha = r$ 时, $\dfrac{f^2}{f'^2} = 1$。

为了讨论系统本身具有自然周期时所对应的振荡情形, 在(5.2)式中, 取 $s = 3$, 可以得到方程组

$$\begin{cases} u_4 = g_1 u_3 + g_2 u_2 + g_3 u_1 + v_4 \\ u_5 = g_1 u_4 + g_2 u_3 + g_3 u_2 + v_5 \\ \quad\cdots\cdots \\ u_n = g_1 u_{n-1} + g_2 u_{n-2} + g_3 u_{n-3} + v_n \end{cases} \tag{5.8}$$

其中, v_1, v_2, v_3 可以通过下述方程组求得

$$\begin{cases} u_1 = g_1 u_n + g_2 u_{n-1} + g_3 u_{n-2} + v_1 \\ u_2 = g_1 u_1 + g_2 u_n + g_3 u_{n-1} + v_2 \\ u_3 = g_1 u_2 + g_2 u_1 + g_3 u_n + v_3 \end{cases} \tag{5.9}$$

若序列 u 在第 n 项之后重复出现, 即 $u_{n+1} = u_1, u_{n+2} = u_2, \cdots$, 则(5.9)式与(5.8)式是连续的。序列 u 和序列 v 的傅里叶项分别是 $a_q \cos qx + b_q \sin qx$ 和 $a'_q \cos qx + b'_q \sin qx$, 其中

$$\begin{aligned} a_q + \mathrm{i}b_q &= \frac{2}{n} \sum_{p=0}^{n-1} u_{p+1} \mathrm{e}^{\mathrm{i}pq\alpha} \\ &= \frac{2}{n} \sum_{p=0}^{n-1} \left(g_1 u_p \mathrm{e}^{\mathrm{i}pq\alpha} + g_2 u_{p-1} \mathrm{e}^{\mathrm{i}pq\alpha} + g_3 u_{p-2} \mathrm{e}^{\mathrm{i}pq\alpha} + v_{p+1} \mathrm{e}^{\mathrm{i}pq\alpha} \right) \\ &= \frac{2}{n} \left(g_1 \mathrm{e}^{\mathrm{i}q\alpha} \cdot \sum_{p=0}^{n-1} u_p \mathrm{e}^{\mathrm{i}(p-1)q\alpha} + g_2 \mathrm{e}^{2\mathrm{i}q\alpha} \cdot \sum_{p=0}^{n-1} u_{p-1} \mathrm{e}^{\mathrm{i}(p-2)q\alpha} \right. \\ &\quad\left. + g_3 \mathrm{e}^{3\mathrm{i}q\alpha} \cdot \sum_{p=0}^{n-1} u_{p-2} \mathrm{e}^{\mathrm{i}(p-3)q\alpha} + \sum_{p=0}^{n-1} v_{p+1} \mathrm{e}^{\mathrm{i}pq\alpha} \right) \\ &= (a_q + \mathrm{i}b_q)\left(g_1 \mathrm{e}^{\mathrm{i}q\alpha} + g_2 \mathrm{e}^{2\mathrm{i}q\alpha} + g_3 \mathrm{e}^{3\mathrm{i}q\alpha} \right) + a'_q + \mathrm{i}b'_q \end{aligned}$$

所以

$$a_q + \mathrm{i}b_q = \frac{a'_q + \mathrm{i}b'_q}{1 - g_1 \mathrm{e}^{\mathrm{i}q\alpha} - g_2 \mathrm{e}^{2\mathrm{i}q\alpha} - g_3 \mathrm{e}^{3\mathrm{i}q\alpha}}$$

从而

$$c_q^2 = \frac{c_q'^2}{1 + g_1^2 + g_2^2 + g_3^2 + 2(g_1 g_2 + g_2 g_3 - g_1)\cos\alpha + 2(g_1 g_3 - g_2)\cos 2\alpha - 2g_3 \cos 3\alpha}$$

$$(5.10)$$

由此看到，序列 u 的自然周期与偶然扰动中的傅里叶项对应，且阻尼较小，振幅相对较大。序列 u 若存在自然周期，则必须考虑与方程

$$x^3 - g_1 x^2 - g_2 x - g_3 = 0$$

的解 $e^{-\lambda \pm i\theta}$ 相联系的周期 $T = \dfrac{n}{q}$ ，当

$$e^{-\lambda t}(A\cos t\theta + B\sin t\theta)$$

中参数 t 分别取值于 $1, 2, 3, \cdots, p$ 时，可以得到非扰动项 u ，因此，如果 λ 较小，则有 $\dfrac{2\pi}{\theta} = \dfrac{n}{q}$ ，当三次方程

$$e^{\pm 3i\theta} - g_1 e^{\pm 2i\theta} - g_2 e^{\pm i\theta} - g_3 = 0$$

的根很小时，$\theta = \dfrac{2\pi q}{n} = q\alpha$ ，由方程(5.10)可知 c_q 相对较大。欲求扰动序列 v_x 对初始序列 u_x 的均值比率，从代数学的角度，把方程组(5.8)和(5.9)视为回归方程，其系数 g_1, g_2, g_3 由序列 $u_4, u_5, \cdots, u_n, u_1, u_2, u_3$ 的项确定，可以看作三个序列

$$(u_3, u_4, \cdots, u_2), (u_2, u_3, \cdots, u_1), (u_1, u_2, \cdots, u_n)$$

中各项的线性函数，序列 u_x 和序列 $g_1 u_{x-1} + g_2 u_{x-2} + g_3 u_{x-3}$ 的联合相关系数 R 满足

$$R^2 = g_1 r_1 + g_2 r_2 + g_3 r_3$$

由于 v_4 与 u_1, u_2, u_3 独立，v_5 与 u_2, u_3, u_4 独立等，可以得到与统计学中类似的代数关系式

$$\sum_{x=1}^{n} v_x^2 = (1 - R^2)\sum_{x=1}^{n} u_x^2$$

或者是

$$d'^2 = (1 - g_1 r_1 - g_2 r_2 - g_3 r_3)d^2$$

在实际应用上述方法时，可以计算相关系数 r_p ，如果相关系数的图形有明显的周期特征，则可以确定，与初始序列的自然周期相比较，某些周期可能与不完全是偶然因素的外部扰动相对应，换言之，外部扰动 v_p 由两部分组成，即 $v_p = f_p + \omega_p$ ，其中，f_p 是 p 的周期函数，ω_p 是纯粹的偶然因素，此时

$$u_p = g_1 u_{p-1} + g_2 u_{p-2} + \cdots + g_s u_{p-s} + f_p + \omega_p$$

若特征方程

$$y^s = g_1 y^{s-1} + g_2 y^{s-2} + \cdots + g_s$$

的根记为 $\alpha_1, \alpha_2, \cdots, \alpha_s$, f_p 表示的周期函数对应方程

$$y^t = h_1 y^{t-1} + h_2 y^{t-2} + \cdots + h_t$$

如果记该方程的根为 $\beta_1, \beta_2, \cdots, \beta_t$,则 f_p 具有

$$B_1 \beta_1^p + B_2 \beta_2^p + \cdots + B_t \beta_t^p$$

的形式。

假设根为 $\alpha_1, \alpha_2, \cdots, \alpha_s$ 和 $\beta_1, \beta_2, \cdots, \beta_t$ 的方程可以记作

$$y^{s+t} = k_1 y^{s+t-1} + k_2 y^{s+t-2} + \cdots + k_{s+t}$$

则容易得到关系式

$$u_p = k_1 u_{p-1} + k_2 u_{p-2} + \cdots + k_{s+t} u_{p-s-t} + \omega_p$$

和

$$r_p = k_1 r_{p-1} + k_2 r_{p-2} + \cdots + k_{s+t} r_{p-s-t}$$

因此,通过相关系数 r_p 的图形,可以区分内部系统和外部系统的振荡,目前经常出现的情形是,外部扰动系统的自然振荡未被阻尼,而受扰动系统的振荡被阻尼,可以考虑根据图形解释这种情形。事实上,也正是基于这种分析,当确信是阻尼振荡时,沃克开始尝试利用相关系数 r_p 序列的图形,即相关周期图,取代了舒斯特的周期图。

沃克为此讨论了相关图序列 r 和周期图振幅比序列 f 的关系,在序列 u 中,令 $n = 2m + 1$,序列 u 可以记作

$$u_p = a_0 + a_1 \cos p\alpha + \cdots + a_m \cos mp\alpha + b_1 \sin p\alpha + \cdots + b_m \sin mp\alpha$$

因为序列是由对均值的偏差组成的,故 $a_0 = 0$,而当 n 足够大时,标准差 d 不受个别项改变的影响,因此,

$$r_s = \sum_{p=1}^{n-s} \frac{u_p u_{p+s}}{(n-s)d^2}$$

若 s 为有限数,则可用

$$r_s = \sum_{p=1}^{n} \frac{u_p u_{p+s}}{nd^2}$$

近似取代上述表达式。和前面类似,仍然假定 $u_{n+s} = u_s$,则

$$r_s = \frac{1}{nd^2} \sum_{p=1}^{n} (a_1 \cos p\alpha + \cdots + a_m \cos mp\alpha + b_1 \sin p\alpha + \cdots + b_m \sin mp\alpha)$$

$$\cdot [a_1 \cos(p+s)\alpha + \cdots + a_m \cos m(p+s)\alpha + b_1 \sin(p+s)\alpha + \cdots + b_m \sin m(p+s)\alpha]$$

$$= \frac{1}{nd^2} \left[(a_1^2 + b_1^2) \cos s\alpha + (a_2^2 + b_2^2) \cos 2s\alpha + \cdots \right] \frac{n}{2}$$

$$= f_1^2 \cos s\alpha + f_2^2 \cos 2s\alpha + \cdots + f_m^2 \cos ms\alpha$$

很容易进行部分检验，因为如果序列生成周期为 $\frac{n}{q}$ 或 s 项(s 为整数)的精确余弦曲线，根据振幅比的性质，可知 $f_q = 1$，其余 f 值消失。当序列在 s 项后重复出现时，有 $r_s = 1$，故对于任何振幅比为 f 的 q 项周期，所产生的余弦曲线具备 f_p 在 $p = q, 2q, 3q, \cdots$ 处取最大值的特征，与相关系数 r_p 序列的余弦曲线有类似的特征。因此，如果只有 1、2 个周期，且非常显著，则可以使用相关图检验它们的周期；但若有 3、4 个周期，或者是不显著，则必须对 r_p 曲线进行傅里叶分析。

5.1.4 沃克运用 AR(s) 模型研究世界天气问题

沃克运用上述模型和思想探讨达尔文港口的压力问题，这是世界天气研究中心的一个课题，他们认为，达尔文港口的压力问题与巴达维亚站密切相连，巴达维亚的压力有自身的自然周期特征，但由于受到不规则叠加和外部扰动的影响，许多周期及其振幅发生改变，因此，需要分析世界各地天气之间的客观关系。为了探讨和解决这个问题，沃克对 1882～1926 年所包含的 177 个季度压力数据值进行分析，第一个试验首先讨论了第 5～30 个傅里叶调和项的振幅比 f，涉及的周期范围从 9 年到 1.5 年，沃克把相关表格中的数据与压力曲线的时序图、周期图曲线进行对比，分析指出，在第 8 项、第 13 项、第 15 项和第 16 项处分别有最大的比率值 0.24、0.29、0.29 和 0.24，它们的周期分别为 22、$13\frac{1}{2}$、$11\frac{2}{3}$ 和 11 个季度，如果单个振幅比 f 值相互独立，则对于表格中的 26 个 f 值而言，其最大值的可能大小应该是 0.20，但根据相邻两个季度压力之间的相关系数 $r_1 = 0.76$，可以知道，所分析的序列各项彼此不独立，因此，不能把所得结果与根据随机序列傅里叶分析得到的结果直接进行比较。也就是说，只依赖于傅里叶分析和周期图方法已经失之偏颇，沃克开始根据自己的建模思想去分析问题。

沃克特别强调，第 15 和第 16 调和项的振幅对应单个自然周期的中间长度 $11\frac{1}{3}$ 个季度，即 2.8 年，而第 13 项对应 $13\frac{1}{2}$ 个季度，即 3.4 年。为了探讨周期的持续性情况，沃克分别利用下述两种方法解释压力的变化：

  第一种情况认为达尔文港口的压力与有一定的持续性但没有自然周期的力学系统比较相似，并被一系列扰动所作用，此时，需要检验的是扰动的周期。由于已经得出了相关系数 0.76，沃克借助 (5.7) 式，根据初始序列的振幅比 f 推断扰动序列的振幅比 f'，通过图形和表格的比较，结果发现：与第 13 项、第 15 项、第 16 项和第 29 项对应的 4 个比率，达到了极限值 0.20，而如前所述，0.20 可以被视为是完全由偶然扰动产生的最大比率值；第 14 项的比率仅为 0.07，第 15 项和第 16 项的振幅可以看作对应于 $11\frac{1}{3}$ 个季度左右的单个周期。因此，这种解释认为，三个周期 3.4 年、2.8 年和 1.53 年是可能存在的，但并非必定要出现的。

  第二种解释认为达尔文港口的压力与带有一定的持续性和自然周期的力学系统相似，这种情况下，需要检验的正是系统自身的周期，这些周期与来自外部的非周期性扰动对应。在进行正式讨论之前，沃克首先通过一个简单的、关于相关系数的预备试验作为对该方法的检验。对于达尔文港口压力序列的前 40 个相关系数 r_p，沃克利用形如 $\mathrm{e}^{-\alpha p}\cos(\beta p+\gamma)$ 项之和进行逼近，并结合图形和前面的有关方程进行相应的运算，分析得到

$$r_p = 0.19(0.96)^p \cos\frac{2\pi p}{12} + 0.15(0.98)^p + 0.66(0.71)^p$$

其中，$P = 0.19(0.96)^p \cos\dfrac{2\pi p}{12}$ 表示周期为 12 个季度左右的阻尼调和曲线；$Q = 0.15(0.98)^p$ 的坐标逐渐减小，可以看作无穷周期的弱阻尼振荡；为了弥补当 p 较小，比如从 $p=0$ 到 $p=6$ 时，P 与 Q 之和与 r_p 拟合不够充分的缺憾，增加了强阻尼曲线 $R = 0.66(0.71)^p$，R 有助于增强压力的持续性，沃克依此给出的图形，显示 P、Q、R 之和对 r_p 的拟合效果比较理想。然后，沃克进一步结合前文的理论推导，得出

$$u_p = 3.35u_{p-1} - 4.43u_{p-2} + 2.71u_{p-3} - 0.64u_{p-4} + v_p$$

并求出 u_p 与

$$u'_p = 3.35u_{p-1} - 4.43u_{p-2} + 2.71u_{p-3} - 0.64u_{p-4}$$

的联合相关系数 $R = 0.96$，且 $d' = 0.28d$。因此，与力学系统阻尼自然振荡对应外部扰动类似，上述预备试验讨论了达尔文港口压力的变化，解释了变化的主要原因，并指出，扰动量平均只是振荡量的 $\frac{1}{4}$ 左右。

  在此基础上，沃克开始分析第二种解释，首先对于达尔文港口的全部压力数据值和其中的 77 对数据，沃克分别计算了季度压力值与滞后 p 期压力值间的相关系数，其中，p 的取值范围是 1～147，并作出对应的相关系数图，如图 5.2。

同时指出，上述预备试验中的方法不能解释 2.8 年和 3.4 年周期阻尼振荡的差异，必须进行傅里叶分析，将产生第 3 周期 $3\frac{1}{3}$ 年和第 4 周期 $2\frac{1}{2}$ 年，中间的振幅值不是独立的。正是因为这个原因，也是为了进一步详细讨论间隔 p =44、93 和 137 附近所显示出来的 11～12 年之间的周期，沃克指出，必须扩大对相关系数 r_p 的检验，分析全部数据中的相关系数 r_p，即图 5.2 中的曲线 A，沃克通过对序列相关系数图进行一系列的对比分析，最终推断出：达尔文港口压力序列有很强的持续性；$11\frac{1}{2}$ 个季度左右的周期与振幅比约为 0.35 的傅里叶序列对应，但没有证据可以推断这是阻尼振荡；$34\frac{1}{2}$ 左右的月周期不是特别明显，该周期的 4 倍即为 $11\frac{1}{2}$ 年左右的周期，没有充分的数据可以决定 $34\frac{1}{2}$ 的月周期究竟是阻尼振荡还是自由振荡，但 $11\frac{1}{2}$ 的年周期从根本起源上应该是受到太阳系的影响。总体上看，这项扩展研究导致了一个与预备试验截然不同的结果，显示了不完全检验的危险性——当精度要求不是太高时，还可以根据不完全检验进行解释；当精度要求较高时，效果则不太理想。扩展研究的反面结论倒很清晰：没有显示前面周期图中极其肯定的 6.5 季度和 13.5 季度周期，也没有证据确定澳大利亚气象学家经常提到的其他周期，如 2 年、4 年和 7 年等。

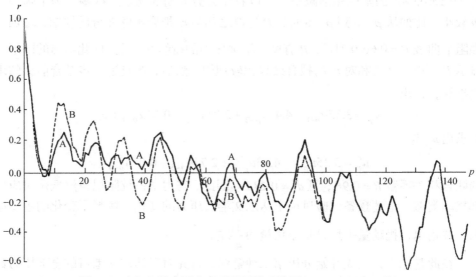

图 5.2　达尔文港口压力序列的相关系数图(Walker G, 1931)[531]

A: 由全部数据计算得到的相关系数；B: 由其中 77 对数据计算得到的相关系数

综上所述，在尤尔建模的基础上，沃克考虑滞后两期以上的值之间的相关性，对于易受阻尼但并非是随机扰动的物理系统，建立了 AR(*s*) 自回归模型，并给出了相应于一定时间间隔的相关系数表及相关图，以区分周期波动的来源，确定振荡的产生是由于周期性的外部扰动，还是由于扰动系统本身具有被阻尼的内在性质。沃克和尤尔根据自回归和序列相关，通过确定周期是否存在，或者是估计循环间隔，充分探讨了序列间的关系，虽然他们最终没有能够预测序列中将来某一时刻或下一时刻的值，但他们对于自回归过程的识别、估计、诊断、建模和检验等思想逐渐成为以后根据单变量时间序列模型进行预测的基本工具之一。自回归作为 ARMA 和 ARIMA 中的 AR 模型，后来在沃尔德和博克斯-詹金斯的研究中，乃至向量自回归 VAR 模型中都有着广泛的应用。

5.2 斯卢茨基创建 MA(*n*)模型

5.2.1 斯卢茨基的学术研究背景

1868 年，斯卢茨基(图 5.3)出生于俄国雅罗斯拉夫尔州的知识分子家庭，1899 年进入基辅大学攻读数学专业，1902 年因为从事革命活动而被学校开除学籍，1903 年转入德国慕尼黑学院开始学习工程学，1905 年回到俄国后再次进入基辅大学，1911 年获法学学士学位，此后到工艺学校担任法学教师。1918 年，斯卢茨基获得经济学学位，被基辅商学院聘为教授，主讲"政治经济学"等课程。1926 年，斯卢茨基调至苏联中央统计局和经济周期研究所工作，1931 年到苏联中央气象研究所任职，1934 年，斯卢茨基获莫斯科州立大学数学荣誉学位，

图 5.3 斯卢茨基

从而转到苏联科学院数学研究所，在此工作到辞世为止。

作为经济学家，尤其是政治经济学家，斯卢茨基早期主要研究经济学，1915 年 7 月，斯卢茨基在意大利《经济学家杂志》上发表了《关于消费者预算的理论》一文，首次提出可以从两个层面分析商品价格波动对需求量的影响：若消费者实际收入不变，商品相对价格波动会导致价格较低的商品逐渐取代价格较高的商品，因此低价商品的需求量增加，斯卢茨基称之为"剩余可变性"，后来也称为"替代效应"；若货币收入不变，则商品价格下降会使消费者的实际购买力增加，从而导致消费者对商品需求量的增加，斯卢茨基称之为"收入效应"。斯卢茨基进一步分析指出，替代效应与收入效应是独立的、可叠加的，两者的代数和即为"价格效

应"，也就是说，价格效应=替代效应+收入效应，这就是著名的斯卢茨基方程，后世又称为"价值理论的基本方程式"。斯卢茨基的消费需求思想丰富和完善了埃奇沃思等关于效用函数的概念，充实了价格、收入和消费之间关系的相关理论，一经提出即取代了当时在经济学界占统治地位的基数效应理论。在斯卢茨基的消费理论中，虽然没有严格度量效用，但和经济学家马歇尔(Alfred Marshall，1842～1924)以基数效用理论为基础推证的结论是完全相同的。遗憾的是，斯卢茨基的论文当时并未引起经济学界的重视，直到30年代中期才被重新挖掘和推崇。

20世纪20年代，斯卢茨基开始致力于概率论、数理统计和随机过程方面的研究，是苏联最早研究数理统计的学者之一，与数理统计学家罗曼诺夫斯基(Vsevolod Ivanovich Romanovsky，1879～1954)等共同开创了苏联对数理统计学的研究。1913年，斯卢茨基在皇家统计学会杂志上发表了其数理统计研究的第一篇文献《论回归线配合适度的准则及其与数据配合的最优方法》，比英国统计学家费希尔(Ronald Aylmer Fisher，1890～1962)的类似研究早了八年左右。1925年，斯卢茨基陆续发表了《越过随机渐近线和极限值》等概率渐近收敛方面的系列论文，特别值得一提的是，1927年，斯卢茨基发表了《周期过程的来源——随机因素之和》一文，即是5.2.2小节所讨论的移动平均模型创建过程，斯卢茨基证明了在经济、气象和其他时间数列中，"周期"摆动并非一定意味着任何潜在的周期，也可能是随机扰动的综合作用。斯卢茨基还研究了平衡数列的统计理论、随机过程的参数估计、相关系数评价、概率逻辑结构等问题，还编制了不完全伽马函数表和卡方概率分布表，对统计实践和应用有重要贡献。

5.2.2　MA(n)模型构建过程解析

1934年，美国斯坦福大学的统计学教授沃金(Holbrook Working，1895～1985)指出，随机差分序列可以通过随机数的聚集而产生，许多苏联概率理论家都对于时间序列随机成分的性质特别感兴趣，其中，第一个系统地探讨随机扰动叠加之后的模型及其性质的是斯卢茨基，他和尤尔、弗里希(Ragnar Frisch，1895～1973)共同掀起了一场统计学的革命——从原来把随机成分看作观察误差转变到把随机成分视为扰动部分，并且扰动也是数据产生过程中的一个重要组成部分。

1927年，斯卢茨基对于上述问题的研究成果公开发表于苏联，这篇经典之作当时带有一个英文序言，到1937年，全篇论文被翻译成英文。此文中，斯卢茨基首先指出，和气象学、物理学以及生物学等诸多领域的现象类似，经济过程通常也具备升降起伏的特点，并且这种波动主要由两部分组成——偶然因素和严格的体系规则变化。很多数学家都致力于探求波动的变化规律，或者说是时间序列的周期问题，舒斯特的周期图方法解决了严格体系的隐周期，但他没有涉及来自外界的偶然因素，而且舒斯特的前提是序列中的各项相互独立，斯卢茨基认为，一般来讲，实证研究中的经济序列不是逐项独立的，而是密切相关的，更为重要的是，随机扰动叠加后能否形成某种规则的体系？读者由此不难体会到，斯卢茨基的上述思想与尤尔当时的许多思想都有不谋而合之处，只是尤尔侧重于序列的自相关，斯卢茨基侧重于随机扰动的求和，故尤尔创建的是自回归模型，斯卢茨基创建的是移动平均(求和)模型。当然，他们都开始探讨扰动因素，斯卢茨基在研究中也引用了尤尔 1926 年研究时间序列的文献。因此，在从舒斯特的周期图方法转换到线性回归这种时域分析方法的过程中，斯卢茨基和尤尔共同发挥着不容忽视的重要作用。

斯卢茨基借助演绎和归纳两种方法去探讨和解决上述问题，特别强调扰动序列有两种类型，第一种类型是序列中某一确定变量出现的概率依赖于其他变量，第二种类型恰好与之完全相反，因此，斯卢茨基把序列分成连贯序列和非连贯序列两类，后者也叫做随机序列。斯卢茨基指出，对于连贯序列，从根本上看，移动求和过程效果比较明显，因为求和之后，序列有共同的随机因素，随机因素的移动平均将产生自相关。与当前的移动平均概念相比，斯卢茨基更多强调的也许是求和，他把模型描述为移动求和，直到 1938 年，沃尔德把斯卢茨基模型称为移动平均过程，沃尔德对斯卢茨基研究成果和思路的分析细节可参见后续沃尔德的研究。

斯卢茨基的建模思路是：设随机因素 $\cdots, x_{i-2}, x_{i-1}, x_i, \cdots$ 将产生结果 $\cdots, y_{i-2}, y_{i-1}, y_i, \cdots$，每一个结果的大小不是由一个滞后随机因素确定，而是由多个随机因素确定，比如，农作物的生长情况不能取决于某一天的降水量，而是由许多天的降水量决定，当然，不同时期的降水量对农作物的影响因子不同，因此，斯卢茨基对上述随机因素给定权重 $A_0, A_1, A_2, \cdots, A_{n-1}$，于是得到

$$\begin{cases} y_i = A_0 x_i + A_1 x_{i-1} + \cdots + A_{n-1} x_{i-(n-1)} \\ y_{i-1} = \qquad A_0 x_{i-1} + \cdots + A_{n-2} x_{i-(n-1)} + A_{n-1} x_{i-n} \\ \qquad \cdots\cdots \end{cases}$$

这就是典型的 MA(*n*)模型，斯卢茨基称之为模型 I，并且进一步指出，如果模型 I 序列所有的权重系数都相等，就称之为简单移动求和。斯卢茨基根据政府彩票获奖号码的最后一个数字，构造了一个 10 项移动平均序列，并对该序列与托马斯(Dorothy Swaine Thomas，1899～1977)1855～1877 年每季度商业周期指数序列进行直观比较，如图 5.4。而且，为了得到较好的对比效果，斯卢茨基分离出托马斯每季度观察图中 1855～1914 年的部分，以及他的模型 I 序列中的 1009 项，选择其中的 20～145 项与托马斯的部分数据重叠对比，进行了一系列的计算，甚至具体到 $y_0 = x_0 + x_1 + x_2 + \cdots + x_9 + 5$ 的模型，本书重在阐述斯卢茨基的建模思想

及其发展影响,对公式的细致推导过程不再详述,有兴趣的读者可以参阅斯卢茨基的原始文献。然后,斯卢茨基根据模型 I 的 10 项移动平均,又得到了模型 II 的 1000 个数据,并进一步创建了更为精细的随机序列移动平均模型,如模型III、模型IV等,每一模型下面又细分成 a、b、c 等类型,细致讨论和检验了它们的性质,斯卢茨基的计算和推证过程比较复杂,并给出了有关序列的相关函数图,如图 5.5,此处不再详细讲述,下面重点分析斯卢茨基的结论及其对后续研究的影响。

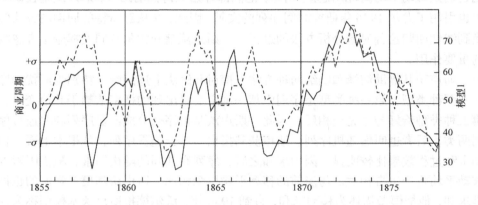

图 5.4 斯卢茨基模型 I 序列(虚线)与托马斯每季度商业周期指数序列(实线)的比较图(Slutzky E E, 1937)[110]

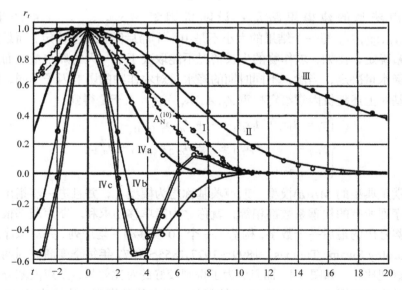

图 5.5 斯卢茨基模型 I -IVc 序列的相关函数图(Slutzky E E, 1937)[113]

经过细致的比较和分析,斯卢茨基推断得出:随机因素的求和产生了循环序列，循环序列趋向于拟合正弦曲线调和序列，经过一定数量的周期之后，各种模式重新排列，从一种模式到另一种模式的转换，有时相对平稳，有时比较突然，但可能围绕着某些特定的关键点。因此，随机变量的移动平均模型适合于拟合经济循环序列，随机序列的移动平均不仅产生了周期波动，而且产生了高度趋向于正弦形式的规则周期波，其拟合规则性调和振荡的能力，随着模式的改变而有所改变。在具体分析哪种情形可以延缓模式的突然变化，并且能够趋向于纯粹的常数正弦曲线时，斯卢茨基用严格的数学语言表达和证明了正弦极限定理，用现代语言进行描述，即对随机序列进行重复未定的移动求和及数次差分，将产生正弦曲线。对斯卢茨基而言，随机扰动移动求和的真实模型包括模式的改变，而模式的改变才是实际生活中的真实情况，正弦极限属于非常特殊的情形，但也正是由于正弦极限定理，才导致斯卢茨基和尤尔的名字，共同出现在趋向于产生规则振荡的随机序列线性运算中。

有趣的是，尽管斯卢茨基的本意是"随机扰动的求和是真实循环的来源"，他赞成在经济中凭直觉对循环性进行判断，他认为经济调查者凭借自己的敏锐和直觉，对商业循环的周期至少有一个大概的正确判断，他们是可靠的，斯卢茨基甚至把对随机扰动求和的自信扩展到用于解释所有的周期性运动，包括天体体系。但目前与斯卢茨基联系比较紧密的却是伪循环，事实上，20 世纪 20 年代末期，斯卢茨基开始感兴趣于强调产生伪循环的数学性质，而不再讨论关于资本主义利润的平稳周期性模型，这与当时的时代背景有着密切的关系。1927 年左右，斯卢茨基正在就职于康德拉季耶夫(Nikolai Dmitriyevich Kondratiev，1892～1938)的经济危机研究所，但他只分析英国的贸易循环，根本没有涉及危机、历史唯物主义、阶级斗争、辩证法等过程。他认为，随机扰动移动求和的过程很自然，其模型所预言的模式改变是指从一个正弦形式到另一个正弦形式、从危机到自由的转换，这种正弦波模型可以应用于 5～11 年的商业循环以及康德拉季耶夫实证研究所揭示的长循环等，此后斯卢茨基更是只在气象学和纯数学领域内研究概率理论、随机过程，完全避开了政治。当然，斯卢茨基对伪循环的研究，也把自己与尤尔更紧密地联系在一起，如前所述，尤尔曾经利用对随机变量的线性转换证实了伪循环，斯卢茨基在这方面也做了大量工作，并得到了弗里希的高度评价。1931 年，弗里希指出，对于随机变量的线性运算可以产生带有一定循环特征的波动，当所产生的波动几乎是严格的正弦曲线时，其周期和振幅几乎可以精确地预测，斯卢茨基第一个系统地总结了这个结果，这个问题如今被称为斯卢茨基效应。

综上所述，斯卢茨基最初所倡导的观点正是真实的循环起源于对随机变量的移动平均运算，在经过一系列的演变之后，发展为与伪循环密切联系的斯卢茨基效应，而斯卢茨基效应却更为后人所重视。当然，斯卢茨基的 MA(*n*)模型，作为 ARMA 和 ARIMA 模型中的 MA 部分，逐渐成为根据随机因素的移动平均对许多现象进行合理解释的依据。

　　同时，需要强调，弗里希也在动态经济模型中详细描述了影响阻尼振荡系统的随机扰动，并把随机扰动作为产生振荡的根本因素。弗里希认为，当某些不稳定的波动影响动态系统时，系统始终保持摆动、持续发展，此时，研究系统的解是一种特别富有成效的方式，如果能够用数字表达上述思想，就可以给出随机因素和严格确定的动态系统之间的有趣结合。而且，弗里希自信，他的结果一定程度上比斯卢茨基更深刻，特别是在对观察循环的振幅与斯卢茨基效应产生的伪循环振幅进行比较时，他得到了具体的系数值，同时，弗里希指出，经济波动可以通过趋势、阻尼振荡、随机扰动的移动平均建模。因此，弗里希、尤尔、沃克、斯卢茨基都把振荡作为研究的出发点，虽然他们不同程度地批评了周期图与调和分析，但仍然认可经济时间序列的振荡特征，并在某些阶段使用调和函数，与舒斯特、穆尔(Henry Ludwell Moore，1869~1958)、贝弗里奇等统计学家探寻时间序列"隐藏"周期的思路相反，斯卢茨基等更注重探寻时间序列的"明显"周期。

　　通过上述研究，容易发现的一个有趣现象是，从舒斯特到尤尔、沃克再到斯卢茨基，许多理论统计学家创新的一个常用手段是发现前人方法的不足、对其理论提出质疑、证明前人的数据处理导致伪性质的产生等，比如，1921 年，尤尔正是通过质疑安德森用于调和函数或随机序列的变量差分方法，才在残差序列中产生一个可供选择的模式；斯卢茨基和尤尔都提到了舒斯特周期图方法的缺陷等。当然，更重要的是借鉴和发展，虽然他们分别致力于不同的方法和模型，但其思想却有着不同程度的融合、交汇，沃尔德也正是在发展前人思想的基础上，开始了对时间序列分析的综合研究。换言之，已经形成的关于 AR 模型和 MA 模型的较为完整、严格的理论体系，为最终沃尔德创建 ARMA 模型铺垫了良好的基础。

5.3　沃尔德创建 ARMA(s, n)模型

　　1938 年，沃尔德不仅给出了平稳随机过程的严格定义，而且把调和分析、自回归、滑动平均和根据统计性质分解时间序列等思想进行综合，形成了他在时间序列分析领域的经典之作。由于概率论的历史中已经较多地总结了辛钦、柯尔莫哥洛夫以及随机过程的理论研究，本节从沃尔德的生平和研究背景出发，通过对其原始文献的细致剖析，重点阐述沃尔德创建 ARMA 模型的过程及其对后续研究的影响等。

5.3.1　沃尔德生平与研究背景

　　1908 年，沃尔德(图 5.6)出生于挪威南部的斯凯恩，1912 年跟随全家移居到

瑞典，1927 年进入斯德哥尔摩大学学习数学，当时
克拉默已经被任命为该大学的精算数学和统计学教
授，沃尔德有幸成为克拉默的第一批学生。1930 年，
沃尔德毕业后进入一家保险公司工作，通过对一些
死亡数据的处理，为保险公司设计了收费表，而后
在克拉默的指导下开始攻读博士学位，从事随机过
程的研究。1942～1970 年，沃尔德担任乌普萨拉大
学的统计学教授，此后移居歌德堡市，直到 1975 年
退休。沃尔德的学术生涯前后跨越 60 多年，曾任计
量经济学协会主席，1960 年成为瑞典皇家科学院的

图 5.6　沃尔德

成员，1968～1980 年担任瑞典国家银行纪念阿尔弗雷德·诺贝尔经济学奖的评奖
委员会成员，是著名的计量经济学家和统计学家。

　　沃尔德的研究领域极其广泛，涉及经济数学、时间序列分析、计量经济学等
多个方面，并为不同的学科做了大量基础性铺垫工作，其中，统计学内有著名的
克拉默-沃尔德定理，他对多元统计学的主要贡献是偏最小二乘回归和图解模型；
沃尔德对于观测研究的因果推理领先时代几十年，并在微观经济学领域提出了效
用理论和消费需求理论；沃尔德在时间序列领域提出的沃尔德分解，堪称现代时
间序列分析理论的灵魂，并且他对一元时间序列的研究结果被他的学生惠特尔
(Peter Whittle，1927～)扩展到多元时间序列领域，沃尔德分解和相关的沃尔德定
理鼓舞着调和分析中的因子分解定理，以及线性算子的不变子空间等诸多工作。

　　沃尔德一生著作、论文颇丰，对后世影响较大的有《对于平稳时间序列的分
析研究》《经济关系的统计估计》《需求分析：对于计量经济学的研究》等，他还
编辑了一些颇具影响力的经典之作。本节无意于细述沃尔德研究工作的方方面面，
主要以他对平稳时间序列的研究为主线，细致剖析沃尔德分解的思想，作为时间
序列历史发展的一个重要内容。

5.3.2　沃尔德对离散平稳时间序列的界定

　　在论著的开端，沃尔德首先指出，宽泛地讲，时间序列对于随着时间而发生
变化的现象进行描述，大致可以分为发展性序列和稳定性序列两大类。所谓发展
性序列，是指序列的不同部分在均值、结构性质等一个或多个方面互不相同，在
发展性序列中，绝对时间发挥着重要作用，可以作为趋势函数的独立变量，或者
是作为研究现象从初始静止状态开始发展时的固定尺度；所谓稳定性序列，是指
序列的结构一般不发生变化，序列中的波动也许是随机的，也许是趋向于某种规
律，但序列的总体特征相同。就时间 t 的取值而言，可能是自由的，也可能以某
种方式受到限制，当 t 任意取值于某一连续区间时，对应的序列称为连续时间序

列；当 t 在等时间间隔处取值时，对应的序列称为离散时间序列。沃尔德把研究范围限定为离散平稳时间序列，对于发展性序列和连续时间序列，只是偶尔有所涉及。

需要说明，从数学的角度来看，沃尔德对于平稳时间序列的分类与德国经济学家莱克西斯(Wilhelm Lexis，1837~1914)、安德森、尤尔等的分类完全不同：莱克西斯建议计算序列的偏差，并与机会分布的偏差进行比较；安德森根据连续差分的方差对序列进行分类；尤尔根据序列和差分序列的相关性对序列进行分类。这些分类都包含了实证运算，虽然当前的统计学家也逐渐创建实证检验或平稳性检验，但对时间序列平稳性进行定义和分类的出发点是假设和数学演绎，而不是实证推断。沃尔德分类的最大特点是，严格定义了平稳过程，但对平稳过程的对立面没有清晰地界定，也没有细致地探究，只是把所有非平稳序列定义为发展性序列，并且不作为主要研究对象，但他描述了一个极其特殊的非平稳过程——随机游动模型，并指出它是一个离散均匀过程，而且其振荡的振幅趋向于随着时间而增加。

5.3.3 沃尔德研究思路解析

沃尔德认为，对于平稳时间序列的早期研究和对于周期问题的探究几乎是同步的，傅里叶和舒斯特古典方法的潜在基础是序列可能包含隐周期，也就是说，事先已假定序列存在着严格的周期性。如前所述，该方法曾经被广泛应用，但也在许多领域遭到了严厉的批评。这些批评的出发点基本上都在于：在某些序列中，严格的周期性是不恰当、不确切的，比如，有人提出，在商业循环理论中，假设方法应该更灵活一些，允许周期和振幅等有一些小的变化，因此特别需要对上述方法进行修订、改进，主要任务是探寻隐藏周期和明显周期的精确结合。对于这个问题的讨论，有两条主线几乎同步进行，在这两条主线中，尤尔都是一个核心人物。第一条线索是，1921 年和 1926 年，尤尔发现，对掷骰子等得到的纯随机序列进行数次差分之后的序列将趋向于规则性波动。以此为基础，1927 年，斯卢茨基研究了更一般的线性运算，结果得出，与经济时间序列中的循环序列相似，满足一定条件的序列可以表示为振幅和相位变化较慢的正弦波，从而借助于初始随机序列的移动求和模型来表示。沃尔德指出，这种方法其实是移动平均的一种特殊情形。另一条线索是，1927 年，当尤尔研究太阳黑子数时，给出了线性自回归模型。有趣的是，尤尔的自回归 AR 模型和斯卢茨基的移动平均 MA 模型都可以归结到线性回归模式，都可以视为沃尔德即将给出的自回归移动平均 ARMA 模型的特殊情况，它们的共同特征是充分考虑到随机扰动因素发挥的积极作用，与之前探寻隐周期的模式有着本质区别，从而在周期图方法遭遇批评的状态下，线性回归这种由因及果的推理模式逐渐得到信任和应用。

同时，沃尔德指出，对于周期图方法的改进，离不开严格的概率理论，而从概率理论的角度来看，线性回归模式又是辛钦所定义和研究的平稳随机过程的一种特殊情形。如果时间序列的时间 $t = (t_1, t_2, \cdots, t_n)$，概率论认为，该序列的特征可以用确定的 n 维概率分布来刻画，通常把分布函数定义为 $F(t_1, t_2, \cdots, t_n, u_1, u_2, \cdots, u_n)$，其中 $u_1, u_2, \cdots, u_n$ 是真实变量。对于只由一个时间点 t_1 组成的集合，函数 $F(t_1, u_1)$ 表示观察值 $t_1 \leq u_1$ 的概率，显然需要思考：当函数 F 属于不同的时间集合 $\{t\}$ 时，它们之间是否具有一致性关系？因此，如果希望从概率的角度思考时间序列，则需要讨论分布函数集 $\{F\}$，其中每一个函数 F 与时间 t 对应，且函数 F 之间满足一致性关系，这样就充分考虑了正常概率分析的基础，满足上述性质的集合 $\{F\}$ 叫随机过程。根据柯尔莫哥洛夫基本定理，分布函数集 $\{F\}$ 与无限维概率分布等价，且每一个时间点对应着分布中的一维分布。当把随机过程解释为无限维数的随机变量时，显然，在离散过程中，维数是可以列举的，而在连续过程中是不可列举的。当把概率模式应用到统计分布时，每单个观察值被看作属于一维或多维假设分布的样本值，与此类似，在解释属于随机过程的观察时间序列时，序列被看作与无限维数分布对应的样本值，从而整个时间序列只由统计总体中的一个元素构成，根据时间序列的结构，需要考虑特殊类型的随机过程。沃尔德把对随机过程的概率分析缩小到平稳过程，并给出了平稳过程的严格定义：

设 $t = (t_1, t_2, \cdots, t_n)$ 表示时间点的任意集合，$t^* = (t_1 + t, t_2 + t, \cdots, t_n + t)$ 表示时间点平移 t 个单位后的集合，若属于集合 $\{t\}$ 和 $\{t^*\}$ 的分布函数 F 是一致的，则由 $\{F\}$ 定义的随机过程称为是平稳的。

然后，沃尔德进一步证明了平稳随机过程被大数定律控制，因此，沃尔德对于离散平稳过程的研究，以上述两个方面为前提，第一次把以尤尔为首的英国统计学家研究的个别过程与以辛钦为首的苏联数学家研究的平稳随机过程有机地结合起来，搭建了实证研究和严格理论之间的桥梁。

5.3.4 沃尔德的研究内容及方法

沃尔德对于平稳时间序列的研究，主要包括四个部分。第一部分旨在介绍研究概况，涉及研究背景、研究内容、研究思路、研究方法和研究目标等，完成了两个任务。首先，简略回顾了以前探寻隐周期的基本方法，并指出周期图方法的基础比较勉强，针对这些方法潜在的前提条件，沃尔德明确提出需要假设其他类型的模式，为创建和分析新模型做好铺垫。同时，经过相当细致的调查分析，沃尔德指出，对隐周期的探究不需要单独对待，可以与线性回归模式融为一体。

第二部分是论著的核心内容,重点讲述对于离散平稳过程的分析及建模过程。由于沃尔德的研究内容非常丰富,推理也极其严谨、复杂,本节不再详细展示他的具体创建思路和过程,只是给出了一些关键结论。首先,沃尔德给出了平稳过程的严格定义

$$F(t_1 + t, t_2 + t, \cdots, t_n + t, u_1, u_2, \cdots, u_n) = F(t_1, t_2, \cdots, t_n, u_1, u_2, \cdots, u_n)$$

其中,F 为分布函数,容易理解,这个定义其实与目前的严平稳概念等同。然后,沃尔德分析了辛钦大数定律,目的在于指出,从某种意义上来讲,对于平稳过程的处理与无限维数中随机变量的处理方式相同,旨在把离散平稳过程一般化。同时,沃尔德详细分析了离散平稳过程的各种特殊情形,主要包括:

① 纯随机过程

$$F(t_1, t_2, \cdots, t_n, u_1, u_2, \cdots, u_n) = F(u_1) F(u_2) \cdots F(u_n)$$

② 移动平均过程

$$\xi(t) = b_0 \eta(t) + b_1 \eta(t-1) + \cdots + b_h \eta(t-h)$$

其中,$\eta(t)$ 表示随机变量,$\{\eta(t)\}$ 为纯随机过程。

③ 一般线性回归过程

$$\{\xi(t)\} = b_0 \{\eta(t)\} + b_1 \{\eta(t-1)\} + b_2 \{\eta(t-2)\} + \cdots$$

其中,$\{\eta(t)\}$ 表示均值为 0、方差有限的纯随机过程,$b_0, b_1, b_2, \cdots$ 为实序列,且 $\sum_{k=0}^{\infty} b_k^2$ 收敛。

④ 线性自回归过程

$$\xi(t) = \eta(t) - a_1 \xi(t-1) - a_2 \xi(t-2) - \cdots - a_h \xi(t-h)$$

⑤ 周期过程

$$\xi(t) - \xi(t-h) = 0$$

⑥ 隐周期过程

$$\{\xi(t)\} = \{\xi^{(1)}(t)\} + \{\xi^{(2)}(t)\} + \cdots + \{\xi^{(k)}(t)\}$$

其中,$\{\xi^{(1)}(t)\}, \{\xi^{(2)}(t)\}, \cdots, \{\xi^{(k)}(t)\}$ 是相互独立的平稳过程,且至少有一个是周期过程,或者是受到扰动的调和过程。

以这些模型和方法为基础,沃尔德开始研究一般平稳过程的结构性质,分析序列的基本特征,探讨可以借助线性运算、自相关系数等工具研究的序列性质。这是一个此前未曾被探索的新领域,由于自相关系数与普通一维变量的二阶混合矩对应,这一理论的某些方面与已被熟知的多元相关理论平行,沃尔德指出,离散平稳过程的自相关系数总可以解释为非减函数的傅里叶系数,然后进一步说明,

只有在某些特殊情形，周期图才可以揭示一些与时间序列有关的特征。同时，沃尔德指出，把离散平稳过程与尤尔创建的时间序列分析方法平行对待，所发展的线性自回归分析与有限集合中一维变量的线性回归分析相对应，周期图分析可以解释为简单调和分析方式的修正，从两种方法的对比来看，自回归分析达到了应用线性方法所不能得到的极限效果。最后，沃尔德从一个全新的角度研究离散平稳过程的结构性质，得到了著名的沃尔德分解定理，并最终创建了 ARMA 模型，这一内容将在下一小节详细讨论。

值得注意的是，沃尔德使用的方法在不同方向上都可以扩展到一般化，比如，在变量有限的情形下，通过非线性运算可以实行与曲线回归分析对应的自回归分析，而且，该分析还可以被扩展到多元时间序列分析领域，即需要同时研究某一现象许多性质的情形，如前所述，他的学生惠特尔后来完成了这一工作。

第三部分主要研究随机差分方程，沃尔德首先把普通线性差分方程一般化，并指出，如果普通线性差分方程的解是普通函数，则随机差分方程的解是离散随机过程。普通线性差分方程的解描述了一定的振荡结构在给定条件下如何发展，随机差分方程的解则给出了控制振荡结构的概率定律，如果已经搞清楚了振荡结构的真实情形，则容易得到与随机脉冲对应的序列，而且，随机差分方程的解可以分为非平稳性随机过程和平稳性随机过程，其中的平稳性随机过程正是第二部分中严格定义的线性自回归过程。沃尔德对线性回归过程进行了详细研究，旨在解释第二部分中的一般分析和随机差分方程的理论，特别注意预测问题，因为线性回归过程中包含了积极的随机元素，这些随机元素将影响预测的有效性，所以，在线性回归过程中，预测的间隔越长，精度越差；间隔越短，则精度越高。从应用的角度来看，学界的主要兴趣当然集中于短期预测。这一部分的分析也具有一般性，从而可以在任何情况下，以随机差分关系为基础、借助非线性随机差分方程来定义多维随机过程。

最后一部分属于应用，讨论了一些线性自回归模型和移动平均模型的实际例子，第一个例子是贝弗里奇编写的西欧 1518～1869 年的小麦年价格序列，然后分析维纳恩湖水位和降水量两个相关序列，最后详细讨论瑞典生活费用的指数序列。而且，沃尔德经常参考尤尔、沃克等已经讨论过的不同时间序列，并把自相关系数图定义为相关图，作为应用过程的指标函数。同时强调，应用的目的是为了解释理论方法，但他很少注意到假设模式及检验所得参数的意义，也就是说，没有涉及现在所说的假设检验和参数估计问题。在《对于平稳时间序列的分析研究》第二版时，增加的附录 2 中给出了惠特尔对有关结果的检验情形，以及惠特尔总结的一般检验方法，解决了沃尔德遗留的问题。

5.3.5 沃尔德工作的影响

马尔可夫(Andrei Andreyevich Markov，1856～1922)等 20 世纪早期的俄国概

率理论家关心基本概率结构是常数的极限定理,关注于应用极限定理的必要条件、充分条件和广义条件,探讨对于观察值不独立的实证时间序列使用极限定理的条件,以及什么情况下可以直接用偏差描述振荡等,1932 年和 1934 年,辛钦通过定义平稳随机过程分别回答了上述问题,1933 年,柯尔莫哥洛夫研究概率时,检验了一般随机过程的性质,证实分布函数与无限维数中的单个概率函数等价,并定义了平稳随机过程。与此同时,弗里希、尤尔、沃克、斯卢茨基等统计学家调查随机振荡的特征,振荡是联系波动和偏差的一个媒介。沃尔德从上述两个方面综合考虑,虽然进一步缩小了分析范围,只研究离散平稳过程,但他合并了辛钦和柯尔莫哥洛夫的概率理论与舒斯特、贝弗里奇、尤尔和斯卢茨基的实证调查;重申了斯卢茨基的正弦极限定理,证明隐周期模型是线性自回归过程的极限情形;也没有遗忘舒斯特和贝弗里奇的调和分析方法,并证实,隐周期、自回归、随机扰动的移动平均等模型都是具体平稳过程的特殊情形。因此,沃尔德的工作被称为对平稳时间序列的综合研究,他既能满足实际应用的需要,同时也受到从事时间序列研究的经济学家和统计学家的高度欢迎。

　　沃尔德把平稳过程看作振荡系统,在探究能够描述平稳现象的适当模型时,沃尔德指出,虽然周期图是确定隐周期的基本工具,但它在现代移动平均和线性自回归模型中是无效的,沃尔德以尤尔、沃克的序列相关系数对间隔的点图为基础,把这些序列自相关系数图称为相关图,使用相关图作为建模、识别平稳过程的主要工具,并证明,相关图不但可以用来区分自回归和隐周期模式,而且还暗示了移动平均过程的存在。沃尔德对三个关键模型分别作出相关图,如图 5.7,并在应用部分对此相关图与贝弗里奇的小麦指数等实证序列的相关图进行比较,以确定时间序列的适当模型。沃尔德同时证实,如果数据产生过程处于稳定状态,则最小二乘回归和概率推理可以作为分析的得力工具,尽管这种方法有一些局限,如实际生活中的许多过程(比如经济数据)通常不稳定;从投机商和金融家借鉴而来的平稳化处理技术,首先是他们隐瞒真相和欺骗大众的工具,数据处理过程中的每一步都有产生伪分支、破坏基本特征的可能;平稳过程的匀速运动虽然满足于统计学的静止状态,但通常不能充分理解变化过程的过去和将来等。但最小二乘法仍然在很长时间内支配着平稳时间序列分析的发展,沃尔德把相关图和最小二乘回归作为基本的、高效工具,其理论根据正是沃尔德以概率论为基础建立的平稳过程概念,以及时间序列分解的思路。如果振荡易于控制,可以使用误差律,属于平稳过程的是正常分布和普通回归,把易控制运动和误差律的关系巩固之后,沃尔德把离散平稳过程称为 “正态过程”。在正态运动之后,沃尔德没有探究如何 “控制” 序列,我们知道,统计学家为了控制序列,已经采取了分解、消除趋势、消除季节性等各种算法,多数算法可以追溯到商人和金融家用于追求短期利润、说服或欺骗的原始工具,包括差分、百分数的变化、指数和滑动平均等,如银行公开 3 个月滑动平均的账单，试图掩盖极端情形、勾画长期运动；19 世纪的投机商为了获得快速利润，关注净变化(即一阶差分)，他们不感兴趣于经济的发展性质，而是渴望检验贸易循环关系，使用回归和相关等有关工具以及差分序列，直到序列可以控制为振荡序列，20 世纪早期的统计学家也利用滑动平均的偏差以最终得到平稳振荡等。沃尔德虽然没有延续统计学家试图控制序列的思路和方法，但他用实证数据表明了易控制的序列可采用哪种具体形式，其综合研究在历史上处于一个特别重要的地位。

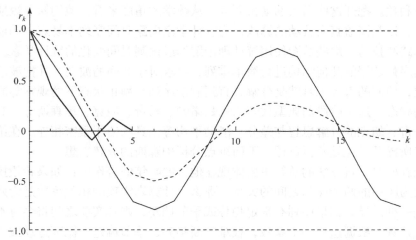

图 5.7   隐周期(细线)、线性自回归(虚线)和滑动平均(粗线)模式的相关图(Wold H, 1954)[147]

5.3.6   时间序列分解的背景及沃尔德分解定理的诞生

和时间序列分析的许多概念类似，时间序列的分解思想也有一个漫长的发展历程，本小节首先从根源上探究提出分解的缘由和历史背景，重点阐述珀森斯(Warren Milton Persons，1878～1937)、安德森的分解思路和方法，为最后剖析沃尔德分解做好铺垫。

1. 分解思想的提出及初步发展

统计学家施洛策尔(August Ludwig von Schlözer，1735～1809)曾经说过，历史是活动的统计学，而统计学是冰冷的历史。在这一冰冷的历史中，当时间和顺序影响初始数据时，处理经济数据和社会数据的统计学家特别关心的一个问题是，如何借助于分析静止状态的统计工具去讨论变化过程。在这种统计理论与变化的融合中，数学科学几乎没有提供任何实质性的帮助，相反，19 世纪一些被凡勃伦(Thorstein Bunde Veblen，1857～1929)称为金融首领的思想家，在攫取自己利益的同时，丰富和发展了变化的概念，一定程度上避免了让数学成为理解变化的绊脚石。究其原因，是因为对于这些金融家而言，采取变化措施可能意味着公司的繁荣，也可能引发公司的衰败和萧条，但忽视变化会降低公司的生命力，没有变化则一定死亡。所以这些投机取巧的商人不仅对钱或制度了如指掌，而且对平均、滑动平均和偏差等概念都有超前的远见，尽管他们会忽视经济系统中循环或发展的可能性，但特别关注贸易技巧和短期情形，用自己简单、高效的独特方法处理时间序列数据，使之更容易进行比较，并最终根据季度、周或日时间序列数据获取最大利益。抛开这些商人的动机而言，从数学的角度来看，他们探寻短期变差的工具，以及掩盖真实波动的算法，为统计学家揭露时间序列不易观察的成分提供了思路和技巧：那些试图使用统计理论解释或预测时间变化的统计学家，对初始时间序列数据的几何结构进行简单排列，寻求对于时间的波动，并把波动转化为偏差，他们的直接工具就是分解，直到剩余序列与静止状态下的观察等同，达到振荡状态。这一阶段的典型代表人物是诺顿、马奇、胡克、珀森斯等，其中诺顿、马奇、胡克的分解思想与差分、滑动平均等工具的使用紧密相连，在第2章已经有所提及，此处不再重述，下面重点分析珀森斯的分解思想。

珀森斯对分解方法的总结主要体现在他1924年的著作中：如果希望搞清楚以时间为顺序的两个序列之间的关系，那么，计算真实项的相关系数是无效的，甚至是一种误导。如果序列有确定趋势或季节偏差，则真实项之间将会有不为0的相关系数，根据这样一个系数，很难判断趋势、季节偏差、循环运动或不规则波动中的哪一部分对结果有较大的贡献。一般来讲，从实用的观点而言，最有趣的应该是比较两个序列各自循环偏差之间的关系。为了通过图表或使用相关系数发现这种关系，有必要从真实项中去除长期趋势和季节偏差部分，当然也希望消除不规则波动，但这一步似乎比较困难，因为一般情况下，不规则波动都是非系统的。因此，要解决刚才的问题，需要分成两步：第一，对调查的每个序列计算和消除季节偏差、长期趋势；第二，计算修正后的两个序列之间的相关性。

显然，珀森斯的分解思路非常具体、清晰，但需要强调的是，这些早期研究很少注意到不规则扰动或随机成分，他们认为这些成分是非系统的，不能对其进行分离和深入研究，或者说他们对此根本就不感兴趣。当时的普遍观点是，去除趋势和进行平滑的一些技术已经很大程度上消除了不规则成分。

第一个从方法论上研究随机成分的是安德森。1914年，他和斯图登提议对不同的时间序列进行变量差分，直到一组变量与其数阶差分之后的相关系数相同，尤尔的质疑使安德森开始关注单个序列的差分性质，并根据连续差分后序列标准差的特征，把序列分类为Z序列、R序列或G序列，其中Z表示锯齿形线条，显示观察项间负相关的交替模式；R代表随机，是分解时间序列的随机成分，其不同阶差分的标准差都是常数；G代表平滑，是分解序列的确定性成分。适当阶次的差分之后，确定性成分将消失而只剩余随机成分，安德森强调，如果序列的标准差在数次差分之后恒为常数，则序列存在随机成分；如果连续差分之后仍然不能得到常数标准差，则可能没有随机成分。根据差分的阶次，可以检验随机成分是否存在，为非随机成分确定适当的一元函数模型。安德森认识到，变量差分方法的基础是任何时间序列由系统成分和随机成分两部分组成，其中，系统成分是时间的函数，期望不为 0。他的分解思路是消除随机成分，只对系统成分建模，因此，安德森没有消除趋势性或季节性成分，而是把它们和循环成分共同融入到系统成分中，通过检验序列各阶差分时方差的性质，揭露系统成分的函数性质：如果序列一阶差分和二阶差分的方差一致，则系统成分是时间的线性函数；如果二阶和三阶差分之间的方差仅为常数，则意味着系统成分是抛物线函数。安德森用多项式拟合数据，多项式的次数根据差分确定，从而把变量差分方法作为消除随机成分的方式。需要说明的一点是，虽然从 1914 年第一次应用变量差分方法开始，一直到 20 年代后期，安德森的初衷已经发生改变，但他所有的工作都基于一个假定——差分逐渐消除时间成分。因为当时的统计研究普遍认为，变量是时间的函数，变量间有一个伪相关，这也是引发时间相关问题的一个来源，安德森解决问题的方法是通过差分消除这一函数关系。

安德森不赞同珀森斯消除趋势和季节成分的传统方法，认为珀森斯把本来可能没有季节成分的初始序列转换成了存在伪季节模式的序列。同时，安德森从不含有循环成分的序列出发，证实珀森斯的分解方法致使序列带有明显的人造循环成分，从而得到看似恰当、实则错误的序列。珀森斯和安德森的争论焦点是，统计学家是否应该通过消除趋势成分而分解序列，或者是否应该对序列进行差分，直到序列可以统计化地处理。这一争论在 20 世纪八九十年代再次引起反响，目前一些计量经济学家把序列视为"趋势平稳"或"差分平稳"，其中，趋势平稳指趋势是可去的、确定性成分；差分平稳指趋势或长期成分是随机的，差分是把序列从线性回归转化为平稳形式的适当工具。当然，因为 20 年代还没有严格定义平稳过程的概念，珀森斯、安德森的分歧和当前的趋势平稳、差分平稳的差异不是完全平行的。

最后，安德森认为，分解技术并不复杂，统计科学是理解社会的试验替换手段，社会调查者必须用一些更自然的方法取代试验，这些自然方法就是前面所提到的金融算法，统计学家的任务是把这些商业工具转换成对统计序列进行科学排列和分解的方法。正是基于这种状况，分解方法开始进入各个领域。分解序列旨在消除任何发展性元素或长期趋势，以得到尽可能好的振荡序列，并希望剩余部分都是易于处理的随机成分，而且这些随机成分又可以被视为来自于平稳随机过程。但令人遗憾的是，在把数据简化到来自于平稳时间序列的过程中，自然也引发了新问题，比如，消除了历史变化、压制了长项变差等。其实，早在 20

年代后期，尤尔等一些数学家已经认识到以样本理论为基础的统计程序不适合于分析动态过程中的数据，沃尔德削减了对样本问题的担心，从分析离散平稳过程的结构出发，系统、严格地解决了平稳时间序列的分解问题，这就是著名的沃尔德分解。

2. 沃尔德分解定理的诞生

作为分解方法的精髓，沃尔德分解的内容已被现代时间序列领域所熟知，并广泛应用。本部分重在揭示沃尔德分解的诞生历程和重要意义，以及所引发的后续研究。

沃尔德分解的指导思想：根据变量 $\xi(t)$ 滞后 n 期的值

$$\xi(t-1)，\quad \xi(t-2)，\quad \cdots，\quad \xi(t-n)$$

当 n 递增时，对 $\xi(t)$ 进行最小二乘估计，研究时间序列 $\{\xi(t)\}$ 的一步预测。具体思路如下：

沃尔德根据对随机变量线性逼近的讨论，得到随机变量 $\xi^{(0)}$ 满足回归分析式

$$\xi^{(0)} = \eta^{(n)} + a_1\xi^{(1)} + a_2\xi^{(2)} + \cdots + a_n\xi^{(n)} \tag{5.11}$$

其中残差 $\eta^{(n)}$ 由平稳过程 $\{\xi(t)\}$ 得到，可以记为

$$\eta(t,k) = \xi(t) - m - a(1,k)[\xi(t-1)-m] - a(2,k)[\xi(t-2)-m] - \cdots - a(k,k)[\xi(t-k)-m]$$

且 $\left|\min\limits_{i} a(i,k)\right| \leqslant \dfrac{1}{\chi}$。

该结论引自于沃尔德对随机变量线性逼近讨论中的(153)式(Wold H，1954)，本书不再详述其推导过程。通过对角化等一系列程序，可以证明，存在序列 $a_1, a_2, \cdots$ 和整数序列 $k_1, k_2, \cdots$，对于任给的 i，都有

$$\lim_{s\to\infty} a(i,k_s) = a_i，\qquad |a_i| \leqslant \frac{1}{\chi}$$

因此，对于系数 a_i，如果

$$\lim_{n\to\infty}\big[\eta(t) + a_1\xi(t-1) + \cdots + a_n\xi(t-n)\big]$$

存在，并和 $\xi(t)$ 相等，则非奇异平稳过程 $\{\xi(t)\}$ 总可以记为

$$\{\eta(t)\} + a_1\{\xi(t-1)\} + a_2\{\xi(t-2)\} + \cdots \tag{5.12}$$

其中，$\{\eta(t)\}$ 是非自相关的，$\eta(t)$ 与 $\xi(t-1),\xi(t-2),\cdots$ 不相关。

沃尔德证实，为了得到(5.12)式，必须对 $\{\xi(t)\}$ 施加一定的条件，为此，沃尔德从另外一个角度继续深入分析。令

$$\theta(t,k) = \xi(t) - \eta(t,k)$$

显然，当 $k \to \infty$ 时，序列 $\{\theta(t,k)\}$ 收敛，记 $\{\theta(t,k)\}$ 的极限过程为 $\{\theta(t)\}$，则

$$\{\xi(t)\} = \{\eta(t)\} + \{\theta(t)\}$$

由于 $\theta(t,k)$ 是 $\xi(t-1), \xi(t-2), \cdots, \xi(t-k)$ 的线性表达式，故 $n \geq 0$ 时，$\theta(t,k)$ 与 $\eta(t+n)$ 不相关，即 $\eta(t)$ 与 $\theta(t), \theta(t-1), \cdots$ 不相关，从而可以得到一个与有限表达式 (5.11)类似的关系。再把 $\theta(t,k)$ 看作不相关的残差

$$\eta(t-1, k-1), \cdots, \eta(t-k+1, 1)$$

与

$$\eta(t-k, 0) = \xi(t-k)$$

的和，由此可以设想，若 $\{\theta(t)\}$ 是 $\{\eta(t-1)\}, \{\eta(t-2)\}, \cdots$ 的线性表达式，则 $\{\xi(t)\}$ 可以记作

$$\{\eta(t)\} + b_1\{\eta(t-1)\} + b_2\{\eta(t-2)\} + \cdots \tag{5.13}$$

其中，$\{\eta(t)\}$ 是非自相关的。

沃尔德认为，把(5.13)式作为平稳过程的分解形式不够充分，为了得到 $\{\xi(t)\}$ 更一般的分解形式，需要增加与 $\{\eta(t)\}$ 不相关的奇异过程 $\{\psi(t)\}$。令 $\{\xi(t)\}$ 是均值 为 0、方差 δ 有限的任意非奇异平稳过程，首先借助于残差

$$\eta(t,k), \cdots, \eta(t-n, k)$$

对 $\xi(t)$ 做逼近，用 $\psi(t,n,k)$ 表示新残差，记

$$\psi(t,n,k) = \xi(t) - b(0,n,k)\eta(t,k) - \cdots - b(n,n,k)\eta(t-n, k)$$

由于 $\xi(t)$ 是非奇异的，使 $D(\psi(t,n,k))$ 最小的系数 b 将唯一确定。

根据

$$\lim_{k \to \infty} r(\eta(t-p, k), \eta(t-q, k)) = 0 \quad (p \neq q)$$

可得

$$\lim_{k \to \infty} b(p,n,k) = \frac{r(\xi(t), \eta(t-p))}{\chi} = b_p$$

且与 n 独立。因此，当 $k \to \infty$ 时，

$$\eta(t, t-1, \cdots, t-n, k)$$

趋向于

$$\eta(t, t-1, \cdots, t-n)$$

故对于所有的 n 和 t，有

$$\lim_{k \to \infty} \psi(t,n,k) = \xi(t) - \eta(t) - b_1\eta(t-1) - \cdots - b_n\eta(t-n) \tag{5.14}$$

记 $\psi(t,n) = \lim_{k \to \infty} \psi(t,n,k)$，令 n 固定，显然变量 $\psi(t,n)$ 构成了序列 $\{\psi(t,n,k)\}$ 的平稳

极限过程 $\{\psi(t,n)\}$。由于变量 $\eta(t)$ 是非自相关的，通过计算，可以得到

$$D^2(\psi(t,n)) = \left[1 - (1 + b_1^2 + \cdots + b_n^2) \cdot \chi^2\right]\delta^2$$

令

$$k = 1 + b_1^2 + b_2^2 + \cdots$$

$$\zeta(t,n) = \eta(t) + b_1\eta(t-1) + \cdots + b_n\eta(t-n)$$

在(5.14)式中，令 $n \to \infty$，由于 $\sum b_i^2$ 收敛，可得

$$D^2(\zeta(t,n+p) - \zeta(t,n)) = \left(b_{n+1}^2 + \cdots + b_{n+p}^2\right) \cdot D^2(\eta) \to 0$$

当 $n \to \infty$ 时，与 p 一致。此时，

$$\eta(t) + b_1\eta(t-1) + b_2\eta(t-2) + \cdots$$

收敛，用 $\zeta(t)$ 表示收敛和，则

$$\zeta(t) = \lim_{n \to \infty} \zeta(t,n) = \eta(t) + b_1\eta(t-1) + b_2\eta(t-2) + \cdots \tag{5.15}$$

则变量 $\zeta(t)$ 和 $\psi(t) = \lim\psi(t,n)$ 分别组成两个平稳过程

$$\zeta(t) = \lim_{n \to \infty}\{\zeta(t,n)\}$$

和

$$\psi(t) = \lim_{n \to \infty}\{\psi(t,n)\}$$

根据(5.15)式，可得

$$D^2(\zeta(t)) = (1 + b_1^2 + \cdots + b_n^2) \cdot \chi^2 \cdot \delta^2 = \chi^2 \cdot k^2 \cdot \delta^2$$

分为两种情形讨论：

① $\chi \cdot k = 1$，则

$$D(\psi(t)) = 0，且\{\xi(t)\} = \{\zeta(t)\} \tag{5.16}$$

② $\chi \cdot k < 1$，则

$$D(\psi(t)) > 0，且\{\xi(t)\} = \{\zeta(t)\} + \{\psi(t)\} \tag{5.17}$$

由于 $\{\psi(t)\}$ 是奇异的，则(5.17)式包含了(5.16)式的情形，而且，给定 $\psi(t)$ 和 $\xi(t)$ 相同的均值，则(5.17)式也明显表明了 $\{\xi(t)\}$ 有非零均值的情形。

对于方差有限的平稳过程，(5.17)式是理想的分解形式，变量 $\psi(t)$ 直接与变量 ξ 在有限维数的情形对应，而且，$\{\zeta(t)\}$ 与线性回归过程中的一般过程有一定程度的相似，但由于组成 $\zeta(t)$ 的变量 $\eta(t)$ 是不相关的，$\{\zeta(t)\}$ 更具有一般性。沃尔德然后具体讨论了变量 $\zeta(t)$ 和 $\psi(t)$ 的特征性质，最终得出：

沃尔德分解定理 对于方差有限的任意离散平稳过程 $\{\xi(t)\}$，存在三维平稳

过程 $\{\psi(t), \zeta(t), \eta(t)\}$ 满足下述性质:

① $\{\xi(t)\} = \{\psi(t)\} + \{\zeta(t)\}$;

② $\{\psi(t)\}$ 与 $\{\zeta(t)\}$ 是不相关的;

③ $\{\psi(t)\}$ 是奇异的;

④ $\{\eta(t)\}$ 是非自相关的,且 $E[\eta(t)] = E[\zeta(t)] = 0$;

⑤ $\{\zeta(t)\} = \{\eta(t)\} + b_1\{\eta(t-1)\} + b_2\{\eta(t-2)\} + \cdots$, b_n 为实数,$\sum b_n^2$ 收敛。

5.3.7 沃尔德分解的意义及构建 ARMA 模型

沃尔德分解定理也称为正交分解定理,堪称现代时间序列分析理论的灵魂,因为它证实了,任何一个离散平稳过程都可以分解为两个互不相关的平稳序列之和,即关于时间的确定性函数与随机序列的线性组合,其中,随机成分属于非确定性成分,可以视为由滑动平均和自回归过程组成的线性回归部分,任何平稳序列,当确定性成分被消去后,则只剩下关于随机扰动的线性组合。沃尔德正是以此为基础,创建了 ARMA 模型

$$\begin{aligned}
\{\xi(t)\} &= \{\psi(t)\} + \{\zeta(t)\} \\
&= a_1\{\psi(t-1)\} + a_2\{\psi(t-2)\} + \cdots + a_s\{\psi(t-s)\} \\
&\quad + \{\eta(t)\} + b_1\{\eta(t-1)\} + b_2\{\eta(t-2)\} + \cdots + b_n\{\eta(t-n)\}
\end{aligned}$$

用于拟合离散平稳时间序列。

需要说明,尽管沃尔德分解定理只是针对于平稳序列而言,但克拉默于 1961 年证明了该思路完全适用于非平稳序列,并进一步得到了克拉默分解定理:

任意一个时间序列 $\{X_t\}$ 都可以分解为两部分的叠加,其中一部分为由多项式决定的确定性趋势成分,另一部分为平稳的零均值误差成分,即

$$X_t = \mu_t + \varepsilon_t = \sum_{j=0}^{d} \beta_j t^j + \varepsilon_t - \phi_1\varepsilon_{t-1} - \phi_2\varepsilon_{t-2} - \cdots - \phi_n\varepsilon_{t-n}$$

克拉默分解定理说明任何序列的波动都可以看作同时受到了确定性和随机性两种不同影响的综合作用,平稳序列要求两方面的影响都是稳定的,非平稳序列产生的机理就在于这两方面的影响中至少有一个方面是不稳定的。

另外,1938 年,柯尔莫哥洛夫研究预测问题时,很快认识到沃尔德思想的重要性,并于 1941 年把沃尔德分解思想置于技术背景浓厚的希尔伯特空间平稳序列中,建立了沃尔德分解在希尔伯特空间的典型表示,柯尔莫哥洛夫表明了沃尔德对他的深刻影响。

最为重要的一点是,在现行时间序列分析领域内,根据沃尔德分解定理,随机过程中不同类型的有理传递函数模型之间具有重要关系,其中,AR 模型或

ARMA 模型可以通过一个可能是无穷阶的 MA 模型来表示，柯尔莫哥洛夫-赛格定理则暗示了 MA 模型或 ARMA 模型可以通过一个可能是无穷阶的 AR 模型表示。这些结果具有非同凡响的特别意义，如果在对时间序列建模时，不幸选择了错误的模型，也许仍然可以得到一个较好的近似，比如，当我们试图用 AR 模型表示一个 ARMA(s, n)模型时，只要选择的阶数足够大，那么结果仍然可能具有一定的价值。

综上所述，沃尔德对于离散平稳时间序列的研究，以严格的概率理论为基础，对 1938 年之前的各种分析方法进行综合，给出了沃尔德分解定理和 ARMA 模型，并加以应用，为 1970 年博克斯和詹金斯讨论非平稳 ARIMA 模型铺垫了良好的基础。

5.4　随机游动模型

时间序列模型中经常可以见到一个非常特殊的自回归过程 $y_t = y_{t-1} + \varepsilon$，其中，$y_t$ 只依赖于滞后一期的值 y_{t-1}，且 y_t 对滞后值 y_{t-1} 的系数正好等于 1，卡尔·皮尔逊第一个把该模型命名为随机游动模型。

和一般自回归模型的判定不同，卡尔·皮尔逊在识别这一模型时，最初不是从纯时间的角度出发，而是在利用统计性质探索自然选择和生物进化的过程中，首先进行了空间上的类比，比如，卡尔·皮尔逊不仅探讨物种聚集到可能栖息地的概率，而且具体研究：当把理想居住地简化为一个点时，经过 n 次随机飞行后，有 N 个个体远离该中心的分布情况。为了精确地探寻物种随机迁徙的数学模型，1905 年卡尔·皮尔逊在《自然》杂志中公开求解醉汉问题：

如果一个醉汉醉得特别严重，完全丧失了方向感，且处于荒郊野外，若经过一段时间之后再去寻找他，那么，在什么地方找到他的可能性最大呢？

可以用数学语言具体表述为：

某人从 O 点出发，沿直线走了 1 步，然后任意转弯，并第二次沿直线走了 1 步，把这个过程重复进行 n 次，现在探求经过 n 步之后，他到 O 点的距离位于 $(r, r+\delta r)$ 的概率。

卡尔·皮尔逊收到了不同领域科学家的回答和讨论，如瑞利勋爵(Lord Rayleigh，1842～1919)认为，当 n 很大时，这个问题可以与相同周期内声波振幅的问题类比，并计算出，醉汉到初始点的距离服从零均值正态分布，位于$(r, r+\delta r)$的概率为

$$\frac{2}{nl^2}\mathrm{e}^{-\frac{r^2}{nl^2}}r\delta r$$

卡尔·皮尔逊综合不同的观点,最后总结指出,由于醉汉已经丧失了方向感,他第 t 步的位置可以视为第 $t-1$ 步的位置再加上一个完全随机的移动,因此,最可能找到醉汉的地方是他的初始点附近,也就是说,醉汉任意时刻的可能位置即为一个随机游动模型,这就是时间序列分析历史上很有趣的一个典故——随机游动模型的诞生,有时也被称为醉汉模型。

当然,卡尔·皮尔逊的比喻与当前的时间序列分析还是略有区别:对卡尔·皮尔逊而言,空间的取代与所走的步每次都是相等的,变化的只是角度;在现代自回归过程中,时间间隔是相等的,每一方向上的距离是变化的。现代自回归认为,虽然随机游动模型的均值相对稳定,但其方差不稳定,随机游动属于非平稳过程,是 ARIMA(p,d,q)模型中最简单的 ARIMA(0,1,0)情形。

有意思的是,随着卡尔·皮尔逊对随机游动模型的定义,有些经济学家和统计学家从极限扩散过程、试验序贯分析、调查有限等待空间的队列以及处理一个点或给定集合递归的首次通过时间等问题中也发现了这一模型。近几十年来,财经分析者开始利用随机游动模型对股票、证券市场的价格变动进行建模,这一历史可以追溯到法国数学家巴夏里埃(Louis Jean-Baptiste Alphonse Bachelier,1870～1946)。1900 年,巴夏里埃在博士论文的研究中,把以前分析赌博的方法应用于研究股票、债券、期货和期权,使用类似的扩散模型进行证券推测,率先使用统计方法分析金融收益率问题,力求搜寻一个能够表达市场波动可能性的公式。为了确定某给定状态下证券价格变化的数学期望,巴夏里埃探讨了独立增加的概念,并从本质上把随机游动看作随机差分方程 $y_t - y_{t-1} = \varepsilon$,价格变化、一阶差分是随机元素,价格从 $t-1$ 变化到 t 时的期望值为 0。强调一点,巴夏里埃最具有开拓性的贡献在于他认识到,随机游动过程还是微观粒子运动形成的一个模型,属于物理学上的布朗运动。

1934 年,沃金进一步指出,正如同巴夏里埃所分析的,金融资产的价格序列,尤其是股票价格,有与"随机差分序列"类似的特征:虽然序列不是随机的,但一阶差分是随机的,并创建了标准的随机差分序列图表,以便于其他研究者检验自己的商品或股票价格序列与该标准相似的程度,这也可以看作是随机游动模型的一个应用。

随机游动模型历史上的另一个关键人物是肯德尔,1953 年,肯德尔在分析1883～1934 年每周小麦价格的一阶差分时,也惊奇地发现了随机游动。尽管他的研究要稍微晚了一些,但他既不熟悉巴夏里埃的工作,也不了解随机游动这一术语,而是通过市场获得了随机游动的精神。肯德尔指出:

如果序列是均匀的,从这一周到下一周价格的变化实际上独立于从下一周到后一周的价格变化,从而表明,根据序列本身根本不可能预测从这一周到另一周的价格;如果序列实际上是游荡的,则从中可以观察到的趋势或循环等任何系统特征都是假象，需要在目前的价格中增加随机变量，以便于确定下一周的价格。对两类序列的方差进行比较，显示了变异性的增强，从分析的观点来看，序列不平稳，这是一件比较麻烦的事情，对于这种均值为常数、方差似乎在增加的时间序列来说，随机游动可以作为这类模型的最佳描述。

综上所述，根据随机游动模型可以知道，基于过去的表现，根本无法预测将来的发展步骤和方向，把这一术语放在金融市场上，则意味着股票价格的短期走势无法预知，意味着所有的投资咨询、收益预测和复杂的图表模型都没有太大的实际意义，因此，并非所有的经济学家和统计学家都满意于这种模型。目前，随机游动模型把有效市场理论的核心思想与布朗运动联系起来，由此形成了一整套的随机数学方法，成为构建数理金融学的基石，在计量经济学和金融学中有着广泛的应用。

第 6 章
时间序列分析与统计学的交融

19 世纪，统计学的一个突破性进展是回归与相关的发现和使用，它不仅沟通了误差论和统计学这两个原本互不相干的领域，成为 20 世纪上半叶统计方法重大发展的基础，而且大大增强了应用统计学解决社会问题的能力，有力地促进了一个严格、完整的统计学理论框架的建立，标志着统计学定性描述阶段的结束与定量推断阶段的开始。更为重要的是，回归与相关的发展，促使统计学家不得不开始探讨时间相关问题，而且正是对于时间相关问题的困惑，引导着尤尔逐步深入探讨，最终创建了自回归的概念和自回归分析的理论方法。因此，从某种意义上来讲，从最初的回归与相关概念，到统计学家引发对于时间相关问题的讨论，乃至最终形成自回归等时间序列分析方法，是一条历史发展的主线。

需要说明的是，生物学家使用回归与相关工具主要讨论对均值偏差的比较问题，比较的基础是来自于单个总体的统计样本，比如，对于相同目标的一组度量，或者是对于相同物种相同器官的度量等，没有过多涉及对于时间序列数据的分析，从而没有引发数学问题。但统计学家处理的原始材料通常都是气象学和经济学数据，当他们运用回归与相关技术处理这些时间序列数据时，经常需要基于两个或更多个序列相关的前提去推断结果，情形发生了巨大的变化：从数学的角度来看，许多时间序列数据是相关的，但却没有任何实际意义，或者是序列从本质上就互不相关，这种情况难以解释。其实，早在实证研究阶段，已经逐渐暴露了一些相关的问题：比如，歪曲的频率分布、原因和结果之间的不对应等都危及着以逻辑偏差和概率理论为基础的技术应用；无论是埃奇沃思在表述中心极限定理时，还是尤尔在使用最小二乘法进行回归分析时，都没有满足正态标准和解决歪曲分布问题；胡克、凯夫等也只是通过在相关数对中滞后其中一个变量，来处理非同时相关问题，他们不仅使用对于时间的变量图，而且使用对于时间滞后的相关系数，这其实就涉及时间相关问题，也称为时间统计问题。对于这个问题的讨论主要集中于 20 世纪的前 30 年，基本上可以分为如下 4 个阶段：

第一阶段的代表人物是胡克(1901，1905)[①]、诺顿(1902)、马奇(1905)等，他们通常只对短期变化感兴趣，假定序列由趋势性成分、循环性成分、季节性成分和

---

① 括号中的年份表示此作者在该年度的文章中研究了这个问题，下同。

不规则成分组成，借助趋势线、一阶差分、百分数的变化、滑动平均等工具，对不同的运动进行分离，最终目标是分离循环成分，使之与其他序列的循环成分相关，通过消除趋势既附和了关注循环成分的经济学家，又不违背试图把波动与偏差进行统一的统计学家的观点。如胡克根据趋势的概念，通过对滑动平均的偏差或一阶差分进行相关而简化问题；马奇从长期运动中分离逐年的变化以分解时间序列等。

第二阶段的代表人物是舒斯特(1906)、穆尔(1910)、贝弗里奇(1922)等，他们把序列视为时间与叠加随机误差的和，使用傅里叶变换、周期图、调和分析等工具，把序列分解为不同正弦、余弦项的和，以探寻隐藏周期。当然，在处理月或季度数据时，除了消除趋势之外，他们同时分离和减少季节性成分，借助调和分析或季节指数来校正序列。

第三阶段的代表人物是斯图登(1914)、安德森(1914，1927)、凯夫与卡尔·皮尔逊(1914)等，他们假定序列由时间 t 的函数和不规则成分两部分组成，对序列进行高阶差分，直到消除时间的函数关系，剩余残差序列相关，或者是依据单变量模型对序列进行分类。

第四阶段的代表人物是尤尔(1926，1927)、沃克(1931)、沃尔德(1938)等，他们假定序列值至少部分地自我决定，并根据相关图，把振荡过程建模为自我决定的阻尼运动，把平稳随机过程看作带有随机扰动的自回归过程。

当然，这只是一个大致的划分，各个阶段不是绝对独立的，其界限也不是非常严格，有时还会互相交叉、影响。而且，对这个问题的讨论和解决也是一个循序渐进、逐步成熟和完善的过程，如早期在时间序列数据中应用回归和相关的数学家，把解决时间相关问题仅仅看作对每个序列的相应成分进行分离，只讨论了循环性成分，事实上，序列除了循环性成分、趋势性成分和季节性成分之外，还涉及不规则成分，早期数学家进行的分离有一定的欠缺。安德森首次把不规则成分命名为随机成分，并把序列看作由时间函数和随机成分组成，逐渐取代了胡克等人的观点——序列由趋势、季节、循环和不规则成分组成。1927年，安德森进一步提出，进行高阶差分，直到剩余残差相关，此时，差分将揭示序列对于时间 t 的关系，而不管这个关系是线性的还是抛物线型的，然后考虑使用适当的光滑函数对序列进行建模。这种根据时间函数方法去估计关系的思路，不仅仅被安德森所重视，舒斯特、穆尔和贝弗里奇的调和分析也基于上述类似的假定——调查中的变量是时间的函数，任何序列可用正弦、余弦项的和表示。同时，穆尔坚信，时间是所有变化中较大的独立变量，在应用时间回归对线性趋势建模时，他假定地球活动与卫星转换密切相关，并根据周期图决定降水量的周期等。但遗憾的是，穆尔没有能够把这一思想更加深入发展，和20世纪前30年代提到的其他统计学家一样，没有关注自我决定的动态系统概念。使用变化过程的滞后函数关系取代原来的时间函数关系，这一观点最终由尤尔首次提出，变量差分方法和对于时间变量的回归逐步成为解决时间相关问题的流行方法。

有趣的是，这 4 个不同阶段的典型发展，从某种意义上来讲，恰好也展现了时间序列分析的早期发展历程，也正是本书的大致框架结构：比如，第一阶段以差分和滑动平均为基本工具，与本书的第 2 章相对应；第二阶段以舒斯特的周期图方法为主，在第 3 章的频域分析中进行了细致叙述；第三阶段涉及高阶差分和安德森对序列的分类等，分别体现在第 2 章和第 5 章的 5.3.6 节中；第四阶段以现代时间序列分析为基础，涉及的三个关键人物分别是尤尔、沃克和沃尔德，他们都是本书的重点研究对象，有两章的篇幅具体讲述他们的工作，其中第 4 章细致揭示了尤尔对于时间相关问题的分析讨论。

当然，统计学与时间序列分析密切相连，它们的关系错综复杂，这只是其中的一条线索，下面以"相关"和"误差"两个概念为例，以其发展历程中的涵义演变为纲，诠释统计学和时间序列分析的交叉融合关系。

6.1　"相关"概念的涵义变迁

如前所述，相关的出现是 19 世纪末统计学的突破性进展之一，本节侧重于诠释不同历史阶段"相关"的涵义和特征，挖掘"相关"思想的演变历程和统计学家学术背景、研究思路间的深层渊源，基于史学视角认知概念、理解概念广泛应用的根本缘由。

6.1.1　"相关"用于刻画两个变量受公共原因影响的程度

1888 年，高尔顿在根据人类学数据分析遗传因素的影响时，探究了如何度量同一个体两种不同器官尺寸间的关系问题。高尔顿利用 348 个成年男子身高和肘长的具体数据，首次计算了两器官的"相关紧密度"，即后来定义的"相关系数"。高尔顿主要分析人体指标、植物的遗传性状等观察和实验数据，把相关定性描述为"两变量部分地受共同因素影响产生变化的结果"，并明确指出，如果其变化可以全部归结到同一原因，则两者的相关达到完美状态。反之，若其变化丝毫不能归于任何共同原因，则不存在相关。两种极端情形之间，存在无数中间状态。

高尔顿之所以基于因果范畴定位"相关"概念，因为在其从事的遗传学研究中，因果关系是很自然的，子代分享了父代的基本遗传物质，表现出与父代相似的性状，在两代相似的背后必定隐藏着人体器官的有机组织原则，从而呈现出器官之间的相关性。

到 1889 年为止，科学家们基本上仍限于使用术语"因果"，来刻画不同现象之间的关系，此后，埃奇沃思陆续在理论研究和实践应用中开始使用相关一词，并给出了与当前形式非常相近的样本相关系数公式，但其表述晦涩难懂、符号繁琐笨重、未形成学派体系等，使埃奇沃思在相关发展史上的地位大打折扣。从数学角度清晰表达和发展完善相关思想的是卡尔·皮尔逊和尤尔。

6.1.2 相关是比因果关系更宽泛的分类方式

1892 年，卡尔·皮尔逊在《科学法》一书的第一章，把因果关系解释为暂时领先的常数：只要概念 C 总是领先于概念 D、E、F、G，则称 C 是序列 D、E、F、G 的原因，由此卡尔·皮尔逊把相关视为因果关系的微弱形式。当相关系数很大，甚至其值达到 1 时，因果即是最完美的相关，或者更精确地说，因果是相关的极限案例：若 A 总是领先，并且 B 相伴发生，没有 A，则 B 不会出现，此时称 A 和 B 之间存在因果关系。

正是通过界定和考察相关和因果之间的关系，卡尔·皮尔逊逐渐认识到，"相关"一词才更便于刻画两个变量从绝对独立到完全依赖之间的所有关系，这种更宽泛的分类方式必将取代因果关系的旧思想。卡尔·皮尔逊认为，对于伴随着时间的共同生长或下降而出现的强相关，从因果关系或半因果关系解释是非常荒唐的，也是对相关思想的曲解。卡尔·皮尔逊开始系统梳理当时学界在相关方面的已有研究成果，他不仅肯定了相关概念在所有科学研究领域的中心地位，而且坚持使用极大似然法重新处理相关系数及其估计问题，并在自己最擅长的生物测量领域中大力推广运用"相关"方法，陆续引入了四项相关、相关比、双列系数、变异系数等十余种方法度量和刻画"相关"概念。

但随着研究的深入，卡尔·皮尔逊逐渐发现，无论是人体测量的相关研究，还是动物器官大小的相关性分析，有越来越多的案例，其中的相关性明显是错误的，这些"偶然情形"和"危险状况"正是"伪相关"的实践背景。

6.1.3 从伪相关到多元相关、虚假联合分布和时间序列自相关

1. 卡尔·皮尔逊等统计学家对伪相关案例的发现及回避思想

卡尔·皮尔逊清晰意识到"伪相关"思想的第一个实例是：对于本应服从绝对随机分布的人体骨头来说，当生物学家们在讨论股骨、胫骨和肱骨两两之间的相关指数时，却根据它们是方差系数近似相等的随机变量 x_1, x_2, x_3，推断出 $\dfrac{x_1}{x_3}$ 和 $\dfrac{x_2}{x_3}$ 的相关系数大约是 0.4～0.5。卡尔·皮尔逊曾认定数据处理方式是出现伪相关的根本原因，并把伪相关定义为"由于数学过程生成的变量之间的相关，而这种相关性并非变量之间的有机关系"。

对于在更多领域陆续出现的伪相关案例，卡尔·皮尔逊和当时的许多统计学家，如伊德特斯和李等都持逃避态度——尽可能"远离"伪相关情形。致力于改进研讨思路，创建"相关"新技术、新方法的是尤尔。

2. 尤尔以指数率研究伪相关，开拓了多元相关技术中的偏相关概念

尤尔把卡尔·皮尔逊等遇到的问题一般化，采取相关率的特殊方式进行处理。因为所有案例都需要面对如何解释变量相关性的问题，从这个角度而言，对相关率的解释相对更容易一些，故尤尔在此后的统计实证分析中使用了贫穷率、出生率、死亡率等大量比率变量，并区分了出现相关率的三种情形：

① 当事情发生的原因直接影响绝对数量时；

② 当原因影响比率时；

③ 当对原因一无所知时。

对于第①种情形，尤尔认为，讨论比率相关是不恰当的，可通过修订算法研究绝对数量的相关性，这和卡尔·皮尔逊对类似问题的处理方式相同。第②种情形则恰好相反，应研究比率的相关而不是绝对数量间的相关性，尤尔在分析死亡率和卫生环境条件的相关性时，实例说明了此处使用绝对死亡数量的误导性，解释了讨论比率相关的合理性。但对于不知原因如何发生的第③种情形，尤尔认为发现和讨论这种相关没有实际意义，因为它们无法反映人们欲揭示的自然法则或社会规律。

尤尔研究相关率的经典实例是调查对穷人的救助管理形式和贫穷率的相关性，通过系列文献，尤尔推断得出，当财富值保持为常数时，贫穷率和户外救助方式呈显著正相关，尤尔称之为"净相关"，即当前多元相关分析中所谓的"偏相关"。

3. 卡尔·皮尔逊和尤尔探讨了混合种类引发的伪相关，推动了虚假联合概念的发展

1899年，卡尔·皮尔逊确信发现了一种新类型的伪相关实例，分析数据来源于两个不同的总体，其中每一个总体自身绝无相关可能性，从总体中取出两个紧密联合的种类进行任意混合，结果显示完全不相关的特征之间产生了或多或少的相关性，即由于种类混合产生了伪相关。

尤尔对此类问题进行了深入探讨，其影响最大的例子是药物检验问题。假设没有使用药物时，男性和女性有截然不同的存活率，若药物多数是对男性使用的，而女性以较大的频率致死，则在药物完全失效的情况下，药物的管理和病人的恢复之间构成一个伪相关，尤尔把治疗和生存率的联合视作药物效果的显著与否，由此给出了关于虚假联合分布的著名解释：两个分布在子域中可能是互相独立的，但在整个区域内却是相关的，谬论应该是由种类混合引起的。

4. 变量差分相关技术的提出和发展，加速了时间序列分析学科的诞生

1914年，斯图登在研究女性癌症死亡率和人均进口苹果总量之间是否存在相关性时，首先把两个变量分解成关于时间趋势的多项式与随机成分之和，并通过两个随机项的相关性判断原始变量之间是否真实存在密切联系，因为原变量包含了明显的时间效果，可能存在伪相关。这种根据时间或空间的位置关系，在具体模型中减少参数的方法，后来被称为变量差分相关方法，旨在去除或减少伪相关。尤尔、胡克、比阿特丽斯·凯夫等诸多统计学家推动了变量差分技术的发展，并由此创建了时间序列的分解模型：变量主要由循环成分、长期趋势成分和随机项构成。

需要特别强调的是，尤尔很快从时间序列的分解转向确定序列的成分，包括探索随机项的新成分，并使用随机序列作为检验序列比较差分的效果、分析序列的相关性。同时，尤尔从死亡率和结婚率等序列的无意义相关出发，剖析了无意义相关的本质属性，最终利用太阳黑子周期序列，创建了自相关概念和自回归模型，开辟了时间序列分析新学科。

作为基本概念和技术工具，"相关"目前广泛应用于气象学、心理学、医学、生物学和水文管理等诸多领域，其诞生、发展和思想演变历程，与学科发展史是同步进行、一脉相承的。

6.2 "误差项"概念的内涵演变

作为数理统计学的一个基础概念，"误差"这一名词是国内外统计学家的研究热点之一。2016年，统计史学家施蒂格勒在其最新专著《统计学七支柱》中明确指出，随机误差是考察模型合理性、数据可信度的重要工具，是支撑统计智慧大厦的七根基本支柱之一；国内学者郝丽、方国斌等分别阐述了研究误差项的思想演变及其理论拓延过程对统计史和统计教学的重要意义。纵观误差项的发展史研究，早在2001年，伦敦大学秦朵(Qin Duo，1956～)等基于计量经济学视角剖析了差分方程模型、联立方程SEM模型、向量自回归VAR模型等方程中误差项的变化态势；陈希孺院士则以数理统计学的历史为线索，细致解读了天文学家伽利略、数学家辛普森(Thomas Simpson，1710～1761)、数学物理学家拉格朗日(Joseph-Louis Lagrange，1736～1813)、数学物理学家拉普拉斯和数学王子高斯等数代科学家创建测量误差分布理论的艰辛历程。而"误差"这一科学术语在时间序列分析范畴的涵义变迁及其对该领域的影响还鲜被提及，本节以时间序列分析的学科史为背景，概述误差项的内涵演变历程和理论价值。

6.2.1 时间序列分解下的随机成分——残差

限于科学技术的发展,传统的时序分析完全以确定性理论为基础,利用统计时序模型拟合数据,对应的误差或者是由于对理论变量的不精确度量而引起的变量误差,或者是基于不准确甚至错误的函数形式而导致的模型误差,这种根据统计模型进行实证分析时才出现的变量误差和方程误差,没有任何实际含义,在理论探究过程中通常被忽略不计。但随着数理统计中随机变量理论的发展以及统计新思想、新方法的提出,研究目标逐渐聚焦于分析随机序列的内在本质关系,从而步入统计时序分析时代。问题的关键是对随机运动所发挥作用的不同认识,传统方法认为随机运动仅仅是没有任何实际意义的残差,现代方法认为整个时间序列都应该被视为一个随机运动过程,误差项对时间序列数据的各种成分也有随机影响,探讨随机项的构成以及误差项自身的相关关系是时间序列分析发展的基本思路。

在这样的背景下,也正是为了借助原来分析静止状态的统计工具,进一步去讨论动态的社会数据和经济变化过程,统计学家逐渐提出了时间序列的分解思想,他们对初始时间序列数据的结构进行重新排列,挖掘数据相对于时间的波动态势,并把波动转化为偏差,然后对序列进行分解,使得剩余序列类似于静止状态下的观察结果。其中较早明确提出时间序列分解思想的是珀森斯,1924年,珀森斯指出,为判断两个时间序列的关系,计算其真实数据值的相关系数没有任何价值,因为这个相关系数根本无法体现序列的长期趋势、季节性变化、循环运动、随机波动等各类因素对序列的影响及其相互作用效应。欲比较两序列的循环波动特征,就需要在真实项中剔除趋势性、季节偏差,珀森斯的时间序列分解思想已经非常接近于现代确定性因素分解的分析方法。但需要强调的是,珀森斯很少分析不规则波动,他认为,这些随机成分通常都是非系统的,在差分消除趋势、序列平滑等过程中已经很大程度地消除了上述随机残差,不需要对其进行深入研究,也不可能把它们分离出来。

第一个系统研究随机残差的是安德森,为判断两组随机残差变量的相关性,安德森引入了变量差分相关方法,首先把原始随机变量表示为关于时间 t 的多项式与随机残差之和,分别对原始变量进行高阶差分,直到高阶差分后原随机变量的相关性与残差变量的相关性相同。安德森还特别关注单一序列的差分性质,并根据差分阶数检验随机成分的存在性,若高阶差分后序列标准差恒为常数,则序列存在随机成分,否则序列可能没有随机成分。安德森的分解思想是利用变量差分方法消除随机变量中的所有时间函数,从而寻求独立残差间的相关性,但重复性的高阶差分是否破坏了序列的本质特征,变量差分方法对原始数据的清理是否过度,这个问题引发了诸多统计学家的辩论和质疑。

6.2.2　线性自回归 AR(2) 模型中的误差项——随机扰动

尤尔概述了统计学界对变量差分方法的评论和分歧，为探析分离随机残差的合理性，尤尔以自己的社会统计研究方向为切入点，借助于经济时序模型中常用的调和函数深入剖析变量差分方法，同时，为解决经济数据和社会数据中时常出现的无意义相关问题，尤尔对随机序列进行分类，并最终得出，大量的经济序列不是和时间相关，而是部分地自我决定的，上述研究促使尤尔的"相关"思想逐渐转换和过渡为"自相关"概念。

1927 年，尤尔利用受扰动的单摆运动，开始研究太阳黑子等振荡时间序列的周期问题，由此进一步证实了时间序列的自相关性。在此研究过程中，尤尔首创的平稳线性自回归 AR(2)模型：$u_x = (2-\mu)u_{x-1} - u_{x-2} + \varepsilon$，其中的误差项 ε 是随脉冲变化的随机扰动。因此，是尤尔首次从随机扰动的视角解释误差项，误差不再仅仅是测量误差或者没有实际意义的随机残差，而且更有趣的是，尤尔的自回归研究也是斯卢茨基探讨随机扰动叠加所形成模型的坚实基础。

6.2.3　基于随机扰动叠加构建的移动平均 MA(n) 模型

根据时间序列分析的发展历程，频域分析方法要早于时域分析方法，20 世纪初较为盛行的是德国学者舒斯特创建的周期图方法，很多数学家都利用周期图方法探求序列的波动规律，但周期图方法的前提条件是序列的项必须相互独立，而且直接忽略了来自外界的偶然因素。俄罗斯数学家斯卢茨基认为，经济波动主要由偶然因素、严格的系统变动两个部分组成，但经济序列通常是各项密切相关的，完全不符合周期图方法所要求的独立性，那么，随机扰动能否被略去不计？大量随机扰动叠加后是否有可能形成某种相对规则的体系？基于对这些问题的困惑，斯卢茨基开始关注尤尔所研究的扰动因素，只是他们的关注点有所不同：尤尔侧重于探讨时间序列的自相关问题，斯卢茨基侧重于分析随机扰动因素的和，但他们都认为，随机误差应视为扰动项，扰动也是时间序列的一个重要因素。

斯卢茨基以降水量对农作物生长的影响为例，构建了移动求和 MA(n) 模型：

$$y = A_0 x_i + A_1 x_{i-1} + \cdots + A_{n-1} x_{i-(n-1)}$$

其中，y 表示变量结果，$x_i, x_{i-1}, x_{i-2}, \cdots$ 表示随机因素，由于不同时期的降水量对农作物生长的影响因子不同，对随机因素设定不同的权重 $A_0, A_1, A_2, \cdots, A_{n-1}$，当权重系数都相等时，模型即为简单移动求和。斯卢茨基还利用上述模型进一步对比分析了彩票获奖号码的数字序列和托马斯每季度商业周期指数序列，创建了更复杂、更精细的随机序列移动求和模型。1938 年，沃尔德称之为移动平均模型，这个名称延续至今。

斯卢茨基经过实证研究和细致比较，最终推断得出：随机扰动因素之和产生循环序列，循环序列趋于拟合正弦曲线，几个周期后各模式重新排列，各模式间的转换，时而平稳，时而突兀，故移动求和模型适宜于拟合经济周期序列。斯卢茨基还推证了著名的正弦极限定理，从而使得自己和尤尔的名字共同出现在趋向于产生规则性振荡序列的运算中。

6.2.4　基于残差序列的异方差性构建的 ARCH 族模型

自尤尔、斯卢茨基分别创建了 AR(2) 模型和 MA(n) 模型后，现代时间序列分析的时域分析方法得到快速发展，1938 年，沃尔德对离散平稳随机序列创建了 ARMA 模型；1970 年，博克斯和詹金斯在其经典著作《时间序列分析：预测与控制》中创建了非平稳自回归移动平均 ARIMA 模型，这两类模型极大地丰富和完善了时间序列的建模、参数估计、模型检验和优化控制等方法，但需要说明的是，这些模型中误差项的涵义没有发生变化，始终停留在随机扰动的层面，且逐渐统一定义为均值为零、方差为常数的白噪声序列。

这种状况一直持续到 1982 年，美国统计学家恩格尔(Robert Fry Engle, 1942～)在研究英国通货膨胀率指数序列的波动性时，发现无论采用多少阶数的 ARIMA 模型，都不能取得理想的拟合效果。恩格尔经过系列研究，得出问题的关键在于残差序列的方差不再是常数，于是率先提出了自回归条件异方差 ARCH 模型。该模型一经推出，即被经济学家、金融学家等广泛应用于研究金融市场的资产定价等，并从理论上逐渐衍生出形式众多的 ARCH 族模型，如 GARCH 模型、(G)ARCH-M 模型、EGARCH 模型、FGARCH 模型、IGARCH 模型和 TGARCH 模型等，发展这类模型的关键就在于根据其误差项的异方差特征，如残差序列方差的集群效应，构建自回归模型拟合残差平方序列等。概言之，正是对误差项——残差序列异方差性的探究，推动了时间序列分析方法从经典 ARIMA 模型到 ARCH 族模型的跃动。

误差项是时间序列模型乃至统计模型中不可或缺的一部分，正是在时间序列分析学科历经创建、发展、完善、自成体系的过程中，统计学家逐步认识到误差项这一概念专业内涵的演变，并通过对概念的深入理解和讨论研究，逐渐完成了从确定性时序分析到随机性时序分析的转变，并陆续开创了各类现代时间序列分析模型。

延伸阅读　数据科学的发展与建设

近年来，数据科学的发展已引起上至教育部、下至社会大众的共同关注。2015 年度，教育部审批北京大学、对外经济贸易大学和中南大学 3 所高等学校新增"数据科学与大数据技术"本科专业，时隔一年，2016年度，教育部又新增备案中国人民大学、复旦大学等32所高校开设该专业，2017年度和2018年度，分别有250所、196所高校新增备案"数据科学与大数据技术"本科专业，数据科学时代业已来临。当前对数据科学的内涵、方法论与发展规律、课程设置与优化、学科体系构建等诸多问题的讨论极其热烈，其人才定位和培养模式更是普通高等院校教育教学改革研究的关键点之一，尤其是数据科学与统计学、信息与计算科学专业的联系和区别，都是特别值得关注和思考的问题。这不仅关系到数据科学自身的持续性发展，更涉及数据科学时代统计学和信息与计算科学等传统专业的发展方向。本部分首先回顾数据科学的诞生历程，概述国内外对数据科学人才的需求态势和人才培养现状，在借鉴已有经验的基础上，解析其专业特点和建设策略。

一、数据科学的产生背景与内涵发展

21世纪的大数据热潮引发了社会各界对数据科学的高度重视，人们普遍认为，正是由于纷至沓来、铺天盖地的大数据，才催生了数据科学的形成和发展，其实这完全是一个认知误区。"数据科学"一词起源于20世纪60年代，历经正式诞生、内涵拓展、专业发展、广泛应用四个阶段，其理论体系和技术变革是大数据分析的基础。

1. 数据科学的诞生标志——科学术语和研究机构的同步出现

1966年，丹麦计算机科学家、图灵奖获得者诺尔(Peter Naur，1928～2016)创造性地提出，用数据科学(datalogy)取代计算机科学(computer science)，datalogy意指研究数据使用和本质的科学；1968年，在国际信息处理联合会(International Federation for Information Processing，简记为IFIP)上，诺尔做了主题为《数据科学：数据和数据处理的科学及其在教育中的地位》的大会报告，并将该内容收录于会议论文集，此后，诺尔在学术活动和研究文献中开始频繁使用datalogy一词。同时，也是在1966年，全球首个以数据为研究对象的科学委员会——国际科技数据委员会(Committee on Data for Science and Technology，缩写为CODATA)宣告成立，作为国际性跨学科的数据科学共同体，其主旨是对全球科技数据进行评价、汇编和传播，以推动数据共享、提高数据质量，从而实现科学国际化。因此，学术用语datalogy和数据研究机构的同期而至，宣告了数据科学的正式诞生。

2. 数据科学的内涵拓展—data science取代datalogy

把数据科学和统计学密切联系在一起的是日本统计数学家林知己夫(Chikio Hayashi，1918～2002)。1993年，在第四届国际分类学会联合会(International

Federation of Classification Societies，简记为 IFCS)的圆桌会议上，林知己夫首次提出了数据科学——data science 的概念。三年后，在日本神户进一步召开了以 data science 为主题的第五届 IFCS 大会，这是数据科学第一次正式出现于国际会议的题目中，大会明确了数据科学(data science)的涵义，认为数据科学应该是统计学、数据、计算机及其相关方法的综合交叉，通过数据收集、数据存储、数据处理和数据应用等过程与环节，最终达成利用海量数据揭示自然现象和社会本质的终极目标。

专业术语 data science 对 datalogy 的取而代之，不仅拓延了数据科学的内涵建设，而且引发了学界对数据科学和统计学关系的深入思考，有学者甚至提出，把统计学重新命名为数据科学，统计学家改称为数据科学家。直到 2001 年，美国计算机科学家、统计学家克利夫兰(William S. Cleveland，1943～)首次指出，数据科学是一门单独的学科，它与统计学深度融合，但又不完全相同，数据科学是统计学在多学科、数据模型和计算、教育、工具评估和理论研究等技术领域的拓展。数据科学的概念内涵和学科定位确立之时，恰逢 21 世纪初计算机的技术革命和互联网的迅猛发展，数据科学逐步拥有了系统、专业、丰硕的研究成果。

3. 数据科学的专业成长——学术期刊和系列著作的陆续出版

2002 年，国际科技数据委员会 CODATA 首创了第一本专门研究数据科学的学术期刊 Data Science Journal，此后，一批关于数据科学的专业杂志逐渐涌现。2003 年，美国和中国统计学者联合创办了期刊 *Journal of Data Science*，并由哥伦比亚大学出版发行；2007 年，国际分类学会联合会 IFCS 创设了杂志 *Advances in Data Analysis and Classification*；2012 年和 2016 年，著名的 Springer 出版集团相继推出了期刊 *EPJ Data Science* 和 *International Journal of Data Science and Analytics*；一些国际顶级学术期刊，如 *Nature* 和 *Science* 等，也分别于 2008 年和 2011 年开设了大数据研究的专版专辑。与此同时，自 2001 年起，日本共立出版社陆续出版了一套数据科学专著 *Data Science Series*，研究主题涵盖了数据的素养、采样和挖掘、模型验证和算法、空间数据建模，以及关于地球环境、环境和健康、临床、运动、金融等领域的数据分析等，研究内容连贯、形成了一个完整的体系。这些主题为数据科学的杂志和著作，研究与任何领域的数据相关的一切问题，不管是社会领域的数据，还是经济范畴的指标体系，无论是数据的收集和分析，还是创建数学模型，都是其分析和研究的对象。它们长期致力于挖掘统计方法的应用，其先进的技术工具、详实的数据资料和广阔的研究范围，不仅为数据科学的学科地位奠定了坚实基础，而且引发了统计学、计算机科学等相关学科开始高度关注并系统研究数据科学理论，促进了科学研究范式的转变。

4. 数据科学的广泛应用——第四范式的提出和政府的大数据发展战略

2007 年，美国数据库专家吉姆·格雷(Jim Gray，1944～2007)指出，面对互联网时代以"太子节"作量级的爆发式增长数据，最大的挑战是科学研究范式的转变。无论是传统的经验范式和理论范式，还是近几十年的计算范式，都已无法应对这类密集型数据的挖掘和整合。为此，吉姆·格雷提出了 eScience 是科学方法的一次革命，即科学研究的第四范式。目前，第四范式作为"大数据范式"被学界普遍认可，逐渐成为分析洪流数据、国际协作和处理超大计算资源的一种新范式。

在科技界、产业界、学术界、政府部门和社会公众中掀起数据科学研究热潮的另一个核心因素是政界的行政主导行为。2012 年，联合国发布了《大数据促发展：挑战与机遇》政务白皮书，旨在利用互联网数据推动全球发展；同年，白宫科技政策办公室代表美国政府发布《大数据研究和发展计划》，基于国家层面设置"大数据高级指导小组"，以迎接大数据技术革命的挑战。随着世界各国对数字化时代基础性战略资源——大数据的高度重视，智慧国家、智慧政府、智慧企业等建设行动风起云涌。2015 年，我国国务院印发了《促进大数据发展行动纲要》，大力推动政府信息系统和公共数据互联开放共享，开启大众创业、万众创新的创新驱动新格局，同时特别鼓励高校设立数据科学和数据工程相关专业，重点培养专业化数据工程师等大数据专业人才，鼓励采取跨校联合培养等方式开展跨学科大数据综合型人才培养。

二、数据科学人才的需求态势及解析

随着数据驱动科学创新、数据驱动有效决策的研究氛围日趋浓厚，社会和市场面临着数据科学人才严重匮乏的态势。早在 2011 年，世界顶尖管理咨询公司麦肯锡公司曾调研预测：仅仅是美国本地市场，到 2018 年，深层次数据分析的人才缺口是 14 万～19 万，而对于具备数据分析能力且能够高效决策的数据分析师，其需求量将超过 150 万人，到 2020 年，该缺口将高达 272 万；另一著名的跨国咨询公司埃森哲公司也曾预计，对于扎实掌握科学技术知识和数据分析能力的人才需求，其增长速度将是其他职业的五倍左右；2016 年 7 月，我国人力资源的大数据领导者数联寻英发布了国内首份《大数据人才报告》，报告显示，全国大数据专业人才目前只有 46 万，未来 3 至 5 年的大数据人才需求量将超过 150 万。国内外的人才招聘信息也凸显了数据科学人才的紧缺状况，以美国和国内规模相对较大的工业界在线招聘平台 Career Builder 和拉勾网为例，分别统计两平台在 2017 年 12 月 25 日这一天投放的招聘材料，关于数据科学人才的广告数量都超过了 1000 条，尤其是美国的广告数更是高达近 2600 条。概览整个 2017 年度的招聘信息，两地对于数据科学专业人才的渴求始终居高不下，其中有几乎 40% 的广告明确指出急需数据科学家和数据分析师，招聘领域涉及互联网、产业数据、电子商务、金融和教育等诸多行业。

面对庞大的行业人才缺口和燃眉的市场需求困境，作为向各产业培养和输送创新型人才的主要基地，国内外的各一流大学早已顺势而动，整合优势学科资源，开启了数据科学方向的人才培养工作。

1. 国外数据科学的人才现况

国外高等院校对数据科学人才的培养可大致分为两个层面。第一层面主要是面向本科生或硕士生，率先开设数据科学的相关课程，其中比较有代表性的著名学府是哈佛大学、麻省理工学院、加州大学伯克利分校、牛津大学、哥伦比亚大学、纽约大学、华盛顿大学、斯坦福大学、佛罗里达大学、谢菲尔德大学、约翰·霍普金斯大学、伦敦大学等，开课时间集中于 2011 年后。由于授课教师自身的学术背景和研究方向不同，对于各学校所开设的数据科学课程，尽管课程名称中都包含有关键词 "data science"，核心思想也都是围绕数据科学技术展开，但课程结构和内容体系差异显著，有些课程主要讲授数据科学的理论基础，如统计学、计算机系统和机器学习的相关知识等，有些课程则旨在诠释数据科学本身的理念方法和技术工具，还有一些课程重在强调数据科学在某个领域或某些学科中的实践和应用。授课方式灵活，可分为在校面授、网络授课、面授和网授相结合三种方式，斯坦福大学和约翰·霍普金斯大学还开设了免费网络课程，学生通过网络视频和在线交流进行学习，考核合格即可获得该校的数据科学课程结业证书。

随着数据科学相关课程的建设，各大学逐步进入到专业人才培养阶段，此乃数据科学人才培养的第二个层面。由于数据科学跨学科、多样化的特点极其鲜明，知识体系交叉性、综合性、系统性非常强，产学研结合度高，需要及时跟踪前沿理论，对学生的实战技能要求特别高，而且整体而言，相关课程开课时间短、教学难度系数大，故绝大多数高校并未首先在本科教育中设置独立的数据科学学科，而是选择在研究方向更精细化和基础知识更扎实的全日制硕士教育中开设数据科学人才培养计划。如美国的哥伦比亚大学分别于 2011 年、2013 年陆续开设了 Introduction to Data Science、Applied Data Science 课程，开展了数据科学专业成就认证的培训项目，在课程和项目驱动下，2014 年起设立数据科学专业硕士学位培养计划，并于 2015 年进一步设立了博士学位培养计划，是国外较早的数据科学博士学位授予点。类似的还有加州大学伯克利分校、纽约大学、南加州大学，以及英国的邓迪大学，也陆续在 2012 年和 2013 年较早地成功设立了数据科学硕士学位培养计划。

香港理工大学陈振冲教授对 QS 排名前 50 的大学进行了深入调研，结果表明，在 2015～2016 年度，有 17 所学校设有数据科学专业全日制硕士培养计划，其中美国占了10所，分别是哈佛大学、斯坦福大学、芝加哥大学、约翰·霍普金斯大学、康奈尔大学、哥伦比亚大学、加州大学伯克利分校、密歇根大学、美国西北大学和加州大学圣地亚哥分校；英国有6所，分别是伦敦大学学院、爱丁堡大学、曼彻斯特大学、布里斯托大学、华威大学、伦敦帝国学院；新加坡的唯一一所是新加坡国立大学。上述学校的分布态势不仅凸显了美国较强的高等教育实力，而且显著表明了其对数据科学人才的重视程度。除此之外，美国的弗吉尼亚大学、普渡大学、圣徒彼得大学、纽约市立大学专业进修学院和艾姆赫斯特学院，苏格兰的赫瑞瓦特大学，新西兰的奥克兰大学等高校目前也开设了数据科学的硕士培养。

2. 国内数据科学的人才现况

国内最早的数据科学人才培养始于2008年，是香港中文大学设立的数据科学商业统计硕士学位。2010年后，各类大数据研究院所相继成立，并开始招收数据科学的硕士和博士研究生，比较有代表性的是，2010年，北京大学成立了北京大学统计科学中心；2012年，华东师范大学成立了云计算与大数据研究中心，并于2013年成立了数据科学与工程研究院；复旦大学和北京航空航天大学自2013年起开始为研究生开设"数据科学"等课程，并陆续开始实施数据科学专业硕士学位培养，其中复旦大学2010年开始招收博士研究生，2015年筹建了大数据科学与技术学院，并开始招收本科的第二专业学位；2014年，清华大学接连成立了数据科学研究院和清华大学统计学研究中心，同年开始招收数据科学硕士研究生，并推出跨学科大数据硕士项目；2014年，中国科学院大学联合IBM等开设了大数据研究生班；2015年，中国人民大学成立了统计与大数据研究院，中山大学成立了数据科学与计算机学院，这一阶段对数据科学的积极探索为全面建设其本科专业铺垫了坚实的基础。截至2019年9月，国内共有488所高校开设了数据科学与大数据技术本科专业，开始系统培养大数据专业人才。

复旦大学朱扬勇教授、中国人民大学朝乐门博士和香港理工大学陈振冲教授实证分析了国内外不同大学数据科学课程的建设现状、设置特点和目的要求；福建工程学院贺文武博士对北京大学、中南大学、福建工程学院的数据科学本科人才培养方案进行了对比研究，本书不再具体剖析各学校的人才培养方案，概而言之，国内外各大学关于数据科学专业的课程设置，大致上都可分成统计学和数学基础、计算机基础、数据科学与大数据技术、实践实训四大模块，前三个模块又各自具体包括3~5门核心课程，比如，统计学模块主要开设概率论和随机过程、统计学基础和统计推理、统计学方法(多元统计、回归分析、时间序列分析、非参数分析等各类方法的综合)；计算机基础主要包括计算机系统理论、程序设计、数据结构与算法设计、数据库管理等；大数据技术模块主要开设数据科学导论、数据科学方法(如机器学习、数据挖掘、数据智能等)、大数据平台与计算(如数据分析、高性能计算、大数据、云计算)等；实践实训模块主要根据各学校的实际情况，选择合适的应用案例和实践平台，引导学生参与大数据领域的实训项目。

需要说明的是，国内外各学校开设数据科学专业的院系各不相同，有些由计算机学院或工程学院开设，有些则由统计学院或数据科学研究所开设，有些由商学院或管理学院发起，另外还有一些是由运筹学或社会学类院系开设，故其培养计划的名称和偏重方向也不尽相同。比如，设在计算机、统计学和数据科学院系的人才培养，比较侧重于对所有领域不同类型数据的挖掘和处理，商学院、管理学院的人才培养，则加强了企业管理、金融管理等方面的知识，更倾向于分析金融和商业等特定数据，注重研究数据科学理论在金融和商业领域的应用价值。总体来看，以理学为背景的学校，理论特征相对浓厚，其数学、统计学和数据分析的基础知识更扎实，理学特色突出；而以工科为主的院校，更倾向于强调以原有优势工科专业为实践基地的大数据技术开发及其应用，数据科学自身的理论和技术发展是其主导方向。

概言之，作为一门新兴学科和专业，数据科学的人才培养受到国内外各大学的高度重视，其培养目标已然明确——重视学生掌握数据挖掘的原理和方法，开发其数据存储、处理的技术和能力，但对其人才培养模式和培养策略的研究还比较薄弱，需要深入思索和探究。

三、数据科学的专业建设策略

1. 厘清概念认知，明确专业人才的知识框架

近年来，关于数据科学的研究机构和学位培养单位发展迅速，但对其概念的认知尚未完全统一，有学者基于问题驱动、创新驱动层面界定数据科学的应用性，认为数据科学结合了应用数学、模式识别、机器学习、统计、数据可视化、高性能计算等诸多理论与技术，是利用数据学习知识的学科，其最终目标是提炼有价值的数据产品；有学者立足于科学理论基础、计算机技术和实践应用三个维度重点剖析数据科学的统计学本质和特征；也有学者指出，数据科学是指综合运用统计学、计算机科学和人工智能理论，探讨从数据到有用信息、从信息到专业知识、从知识到有效决策完整转换过程中的科学技术问题。虽然关于数据科学的定义略有偏差，但都特别强调了数据科学是一门交叉学科，毋庸置疑，学界也普遍认可数据科学的多学科交叉融合特征。关键问题是各学科的叠加方式和侧重程度目前并未得到细致划分，也就是说，数据科学与统计学、数据科学与计算机科学等专业的深层关系尚不清晰，数据科学的学科体系有待于确立，亦需要进一步明确数据科学专业人才应具备的知识结构框架，以确保人才培养的实效性。

同时，纵向对比数据科学的本科和硕士培养计划，可以发现，硕士培养中大部分增设了前沿理论讲座、学术论文写作等课程，除此之外，硕士和本科培养的知识模块和结构体系则较为相似。究其原因，数据科学是一门新兴学科和专业，目前还少有本科毕业生，更缺少本硕连贯化的人才培养，故本科和硕士人才知识结构的衔接点、区分度、关联性等都需要在实践中提炼总结。

2. 梳理和编译主干课程教材，逐步构建课程群

教材是课程建设的实物支撑体，完善教材体系是构建课程群的首要前提。国外关于数据科学的著作相对丰富，大致可归纳为四类：第一类旨在全面介绍数据科学的理论基础和技术方法，如哥伦比亚大学、华盛顿大学和谢菲尔德大学分别出版了名称相同的 *Introduction to Data Science* 一书，哈佛大学、约翰·霍普金斯大学、伦敦大学和法国圣太田大学也相继出版了名称相同的教材 *Data Science*，纽约大学的 *Intro to Data Science*，麻省理工学院的 *Introduction to Computational Thinking and Data Science*、哈佛大学的 *A Practical Approach to Data Science*、麻省理工学院的 *Introduction to Computational Thinking and Data Science*、牛津大学的 *Fundamentals of Data Science*、加州大学伯克利分校的 *Foundations of Data Science*、华盛顿大学的 *Methods for Data Analysis*、*Deriving Knowledge from Data at Scale* 等，都属于这个体系的经典之作。第二类重点讲授数据科学使用的计算机语言以及数据可视化的相关理论，如 *Practical Data Science with R*、*Mastering Python for Data Science*、*Machine Learning for Data Science*、*Building Machine Learning Systems with Python*、*The Visual Display of Quantitative Information*、*Visualize This: The Flowing Data Guide to Design, Visualization, and Statistics* 等。第三类侧重于数据科学技术的实践应用，如 *Data Science for Business*、*Data Science: Large-scale Advanced Data Analysis*、*Doing Data Science: Straight Talk from the Frontline*、*Process Mining: The Practice of Data Science*、*Data Science Capstone* 等。第四类则聚焦于专门为数据科学服务的统计理论，如 *Statistics and Bayesian Data Analysis*、*Statistical Inference for Data Science*、*Think Stats* 等。

国内较早的数据科学教材主要有中国人民大学朝乐门博士的《数据科学》、北京理工大学杨旭博士的《数据科学导论》，这两年陆续出版了《数据科学导引》《数据科学家养成手册》《大数据离线分析》《中国大数据应用发展报告》《数据科学中的 R 语言》《Python 与机器学习实战》《Python 大战机器学习》《Python 数据科学实践指南》等数据科学专著，也有学者翻译了一批国外的相关著作，涉猎面广、内容详实。

面对国内外已出版的上述优秀著作，现行的首要任务是每个学校根据自身的实际需求，通过选取或编译等方式地灵活组合针对性、系统性、实践性强的主干

课程教材，构建数据科学专业的课程群。随着课程、专业的建设与完善，逐步在技术实现、工具应用等方面体现校本特色，编写相应的学习指导书和上机指导书，旨在分解教材难点、解答课后练习、解析技术细节、清晰实践过程，以降低理论知识和综合项目的学习难度，提升课堂效率和学生的实践能力。

3. 高校、政府和企业协同育人，培养多类型专业人才

我国数据科学的人才培养主要还是通过课堂教学进行，资源相对短缺，形式较为单一。在慕课和网络资源极其丰富的大数据时代，各高校应充分利用现代信息手段和网络技术，开展线上和网络课程教学，引导学生分享全球著名学府提供的慕课资源，如约翰·霍普金斯大学的 Data Science 和 Executive Data Science，华盛顿大学的 Data Science at Scale，埃因霍芬理工大学的 Process Mining：The Practice of Data Science，以及清华大学的大数据科学与应用系列讲座等，鼓励学生通过考核获取课程证书，高校给予相应的学分，以提高学生的学习积极性和主动性。

同时，强化高校、政府和企业三位一体的人才培养模式，高校具有研究大数据理论和技术的优势，却无法掌握数据科学的研究主体——大数据，高校只有把政府和企业作为实践基地，才能真正调用大数据实际案例，切实培养能够熟练掌握大数据分析工具和技能的数据科学家和数据分析家。而且，高校、政府和企业的协同育人，有助于及时发现社会真正需求的人才类型，并适时地调整人才培养目标，如设置数据科学的科研型人才和实用型人才等，前者不仅要经过数据科学学位培养的专业理论训练，更要注重提升其创新能力和研究能力；后者则重在提高其对专业领域知识的掌握，提升其数据分析能力。

4. 积极开发软硬件，通过实践实训驱动创新发展

数据科学的实战特征极其鲜明，为实现其技术化的呈现方式，各院校应积极开发硬件和软件的平台建设。当前使用较为广泛的是 R 语言和 Python 语言，这两类语言能整合 C 语言、C++、Java 等，编程简单、容易被初学者接受，可直接以单机作为实验环境，也可以构建集群实验平台，通过接口链接各类数据库，实行跨平台兼容操作，其论著和研究成果丰富、理论体系成熟。

Hadoop 也是数据科学的一个主要开源工具，可以很好地解决大数据的存储和分析两大问题，其研发力度还有待于进一步挖掘。高等院校可联合知名企业共同搭建面向大数据的实践平台，如当前的顶尖大数据分析教学平台 TipDM-H8，不仅能整合云存储、服务器和广阔的网络资源，还能通过虚拟化搭建私有云平台，学生可基于 Hadoop 实战项目，通过动手操作和实训，尽快掌握使用平台开发 Hadoop 程序的技术细节，并高效完成大数据的挖掘、存储、清洗和分析。

布洛克威尔, 等.1991. 时间序列的理论与方法[M]. 田铮, 译. 北京: 高等教育出版社.

朝乐门, 杨灿军, 王盛杰, 等. 2017. 全球数据科学课程建设现状的实证分析[J].数据分析与知识发现, 6: 12-21.

朝乐门. 2016. 数据科学[M]. 北京: 清华大学出版社.

陈善林, 张浙. 1987. 统计发展史[M]. 上海: 立信会计图书用品社.

陈希孺. 2005. 数理统计学简史[M]. 长沙: 湖南教育出版社.

陈兆国. 1988. 时间序列及其谱分析[M]. 北京: 科学出版社.

程振源. 2002. 时间序列分析: 历史回顾与未来展望[J]. 统计与决策, 9: 45-46.

方匡南. 2016. 大数据时代统计学应拥抱数据科学[J]. 统计与信息论坛, 31(11): 6.

何书元. 2003. 应用时间序列分析[M]. 北京: 北京大学出版社.

贾随军. 2010. 傅里叶级数理论的起源[D]. 西安: 西北大学.

卡茨. 2004. 数学史通论[M]. 李文林, 邹建成, 胥鸣伟, 等译. 2 版. 北京: 高等教育出版社.

李文林. 2002. 数学史概论[M]. 北京: 高等教育出版社.

李文林. 2005. 数学的进化[M]. 北京: 科学出版社.

梁宗巨, 王青建, 孙宏安. 2001. 世界数学通史(下册)[M]. 沈阳: 辽宁教育出版社.

莫里斯·克莱因. 1979. 古今数学思想(第四册)[M]. 北京大学数学系数学史翻译组, 译. 上海: 上海科学技术出版社.

莫里斯·克莱因. 2005. 西方文化中的数学[M]. 张祖贵, 译. 上海: 复旦大学出版社.

聂淑媛, 梁铁旺. 2011. 指数和滑动平均的历史发展探究[J]. 统计与决策, 24: 4-7.

聂淑媛. 2011a. 格朗特与时间序列分析[J].自然辩证法通讯, 33(3): 50-52.

聂淑媛. 2011b. 尤尔建立时间序列线性自回归 AR(P)模型的历史过程探析[J].统计与决策, 3: 4-7.

聂淑媛. 2012a. 经济时间序列中差分的历史研究[J].科学技术哲学研究, 29(1): 70-75.

聂淑媛. 2012b. 时间序列分析的历史发展[J]. 广西民族大学学报(自然科学版), 18(1): 24-28.

聂淑媛. 2012c. 沃尔德与离散平稳时间序列[J]. 咸阳师范学院学报(自然科学版), 27(2): 72-75.

聂淑媛. 2012d. Schuster 创建周期图方法之探究[J]. 西北大学学报(自然科学版), 42(5): 865-870.

聂淑媛. 2012e. 时间序列分析的早期发展[D]. 西安: 西北大学.

聂淑媛. 2015. 统计学家尤尔与作者身份识别研究[J]. 中国统计, 7: 26-28.

聂淑媛. 2016. 尤尔基于社会统计学视角对回归、相关的研究[J]. 统计与决策, 5: 2, 189.

聂淑媛. 2018a. 统计史上"相关"概念的思想演变[J]. 中国统计, 4: 36-38.

聂淑媛. 2018b. 尤尔基于社会统计的实证研究及其影响[J]. 统计与信息论坛, 33(4): 124-128.

聂淑媛. 2019. 数据科学的发展与人才培养研究[J]. 统计与信息论坛, 34(1): 117-122.

乔纳森·克莱尔, 等.2011. 时间序列分析及应用:R 语言(原书第二版)[M]. 潘红宇, 等译. 北京: 机械工业出版社.

乔治·E. P. 博克斯, 等. 2011. 时间序列分析: 预测与控制(原书第四版) [M]. 王成璋, 等译. 北京: 机械工业出版社.

曲安京. 2005. 中国数学史研究范式的转换[J]. 中国科技史杂志, 26(1): 50-58.

施泰. 1998. 斯卢茨基[J]. 统计与预测, 1: 56.

王燕. 2015. 应用时间序列分析[M]. 北京: 中国人民大学出版社.

王振龙. 2010. 应用时间序列分析[M]. 北京: 中国统计出版社.

魏武雄. 2009. 时间序列分析: 单变量和多变量方法[M]. 易丹辉, 刘超, 贺学强, 等译. 2 版. 北京: 中国人民大学出版社.

吴文俊. 2003. 世界著名数学家传记(上下集)[M]. 北京: 科学出版社.

徐传胜. 2004. 概率论简史[J]. 数学通报, 9: 36-39.

徐传胜. 2016. 圣彼得堡数学学派研究[M]. 北京: 科学出版社.

杨静, 徐传胜, 王朝旺. 2008. 试析巴夏里埃的《投机理论》对数学的影响[J]. 自然科学史研究, 27(1): 94-104.

杨静. 2006. 布朗运动的数学理论的历史研究[D]. 北京: 中国科学院研究生院.

约翰·塔巴克. 2007. 概率论和统计学: 不明确的科学(数学之旅)[M]. 杨静, 译. 北京: 商务印书馆.

赵晨阳. 2013. 稳健统计学的产生与发展[D]. 西安: 西北大学.

赵彦云. 2015. 对大数据统计设计的思考[J]. 统计研究, 32(6): 3-10.

中国大百科全书. 1980. 天文学[M]. 北京: 中国大百科全书出版社.

祝丹, 陈立双. 2016. 大数据驱动下统计学人才培养模式研究[J]. 统计与信息论坛, 31(12): 102-107.

Aldrich J. 1995. Correlations Genuine and Spurious in Pearson and Yule[J]. Statistical Science, 10(4): 364-376.

Anderson O. 1914. The Elimination of Spurious Correlation Due to Position in Time or Space[J]. Biometrika, 10(2-3): 269-279.

Anderson O. 1927. On the Logic of the Decomposition of Statistical Series into Separate Components[J]. Journal of the Royal Statistical Society, 90(3): 548-569.

Anderson T W. 1971. The Statistical Analysis of Time Series[M]. New York: John Wiley & Sons.

Bachelier L. 1964. Theory of Speculation[M]. 2nd ed. Cambridge: MIT Press: 17-78.

Bartlett M S. 1946. On the Theoretical Specification of Sampling Properties of Autocorrelated Time Series[J]. Journal of the Royal Statistical Society B, 8(1): 27-41.

Beveridge W H. 1922. Wheat Prices and Rainfall in Western Europe[J]. Journal of the Royal Statistical Society, 85(3): 412-475.

Box G E P, Jenkins G M. 1970. Time-Series Analysis: Forecasting and Control[M]. San Francisco: Holden Day.

Brillinger D R. 2001. Time Series: Data Analysis and Theory[D]. Philadelphia, SIAM.

Brockwell P J, Davis R A. 2002. Introduction to Time Series and Forecasting[M]. 2nd ed. New York: Springer.

Cave B, Pearson K. 1914. Numerical Illustrations of the Variate Difference Correlation Method[J]. Biometrika, 10(2-3): 340-355.

Cave-Browne-Cave F E, Pearson K. 1904. On the Influence of the Time Factor on the Correlation between the Barometric Heights at Stations More Than 1000 Miles Apart[J]. Proceedings of the Royal Statistical Society of London, 74: 403-413.

Durbin J, Koopman S J. 2001. Time Series Analysis by State Space Methods[M]. Oxford: Oxford University Press.

Engle R F. 1982. Auto Regressive Conditional Heteroskedasticity with Estimates of the Variance of United Kingdom Inflation[J]. Econometrica, 50(4): 987-1007.

Fisher R. 1918. The Correlation between Relatives on the Supposition of Mendelian Inheritance[J]. Transactions of the Royal Society of Edinburgh, 52: 399-433.

Frisch R. 1933. Propagation Problems and Impulse Problems in Dynamic Economics[M]. London: George Allen & Unwin: 171-205.

Fuller W A. 1996. Introduction to Statistical Time Series[M]. 2nd ed. New York: John Wiley & Sons.

Galton F. 1886. Regression towards Mediocrity in Hereditary Stature[J]. The Journal of the Anthropological Institute of Great Britain and Ireland, 15: 246-263.

Giffen R. 1899. The Excess of Imports[J]. Journal of the Royal Statistical Society, 62(1): 1-82.

Giffen R. 1904. Economic Inquiries and Studies[M]. London: George Bell and Sons.

Graunt J. 1665. Natural and Political Observations Made Upon the Bills of Mortality[M]. London: John Martin and James Allestry.

Hacking I. 1975. The Emergence of Probability[M]. Cambridge: Cambridge University Press.

Hald A. 1990. A History of Probability and Statistics and their Applications before 1750[M]. New York: Wiley.

Hald A. 1998. A History of Mathematical Statistics from 1750 to 1930[M]. New York: Wiley.

Harvey A C. 1990. The Econometric Analysis of Time Series[M]. 2nd ed. Boston: MIT press.

Hepple L W. 2001. Multiple Regression and Spatial Policy Analysis: George Udny Yule and the Origins of Statistical Social Science[J]. Environment and Planning D: Society and Space, 19: 385-407.

Hooker R. 1901. Correlation of the Marriage Rate with Trade[J]. Journal of the Royal Statistical Society, 64(3): 485-492.

Hooker R. 1901. The Suspension of the Berlin Produce Exchange and its Effect upon Corn Prices[J]. Journal of the Royal Statistical Society, 64(3): 574-613.

Hooker R. 1905. On the Correlation of Successive Observations Illustrated by Corn Prices[J]. Journal of the Royal Statistical Society, 68(4): 696-703.

Hotelling H. 1951. The Impact of R.A.Fisher on Statistics[J]. Journal of the American Statistical Association, 46(253): 35-46.

Jenkins G M, Watts D G. 1968. Spectral Analysis and Its Applications[M]. San Francisco: Holden-Day.

Jevons W S. 1884. The Periodicity of Commercial Crises and Its Physical Explanation[M]. 2nd ed. London: Macmillan: 206-219.

Kendall M G. 1951. Obituaries: Mr. G. Udny Yule, C. B. E, F. R. S. [J]. Nature, 168(4274): 542-543.

Kendall M G. 1952. George Udny Yule, 1871-1951[J]. Review of the International Statistical Institute, 20(1): 92-93.

Kendall M G, Hill A B. 1953. The Analysis of Economic Time Series—Part 1: Prices[J]. Journal of the

Royal Statistical Society, Series A, 116(1): 11-34.

Kirchgässner G, Wolters J. 2007. Introduction to Modern Time Series Analysis[M]. New York: Springer-Verlag.

Klein J L. 1997. Statistical Visions in Time: A History of Time Series Analysis, 1662-1938[M]. Cambridge: Cambridge University Press.

Moore H L. 1923. Generating Economic Cycles[M]. New York: Macmillan.

Norton J. 1902. Statistical Studies in the New York Money Market[M]. New York: Macmillan.

Parzen E. 1961. An Approach to Time Series Analysis[J]. The Annals of Mathematical Statistics, 32(4): 951-989.

Pearson K, Elderton E. 1923. On the Variate Difference Method[J]. Biometrika, 14(3-4): 281-310.

Pearson K, Lee A. 1897. On the Distribution of Frequency (Variation and Correlation) of the Barometric Height of Divers Stations[J]. Philosophical Transactions of the Royal Society of London. Series A, 190: 423-469.

Pearson K. 1896. Mathematical Contributions to the Theory of Evolution-III. Regression, Heredity and Panmixia[J]. Philosophical Transactions of the Royal Society of London. Series A, 187: 253-318.

Pearson K. 1897. The Chance of Death[M]. London: Edward Arnold.

Pearson K. 1905. The Problem of the Random Walk[J]. Nature, 72: 294, 342.

Pearson K. 1920. Notes on the History of Correlation[J]. Biometrika, 13(1): 25-45.

Percival D B, Walden A T. 1993. Spectral Analysis for Physical Applications[M]. Cambridge: Cambridge University Press.

Perman R. 1991. Cointegration: An Introduction to the Literature[J]. Journal of Economic Studies, 18(3): 3-30.

Persons W M. 1923. Correlation of Time Series[J]. Journal of the American Statistical Association, 18(142): 713-726.

Persons W M. 1924. Correlation of Time Series[M]. Boston: Houghton Mifflin: 150-165.

Phillips P C B. 1998. New Tools for Understanding Spurious Regressions[J]. Econometrica, 66(6): 1299-1325.

Poynting J H. 1884. A Comparison of the Fluctuations in the Price of Wheat and in Cotton and Silk Imports into Great Britain[J]. Journal of the Royal Statistical Society, 47(1): 34-74.

Poynting J H. 1920. The Drunkenness Statistics of the Large Towns in England and Wales In Collected Scientific Papers[C]. Cambridge: Cambridge University Press: 497-503.

Qin D, Gilbert C L. 2001. The Error Term in the History of Time Series Econometrics[J]. Econometric Theory, 17(2): 424-450.

Schuster A. 1897. Lunar and Solar Periodicities of Earthquakes[J]. Proceedings of the Royal Society of London, 61: 455-465.

Schuster A. 1898. On the Investigation of Hidden Periodicities with Application to a Supposed 26 Day Period of Meteorological Phenomena[J]. Terrestrial Magnetism, 3(1): 13-41.

Schuster A. 1906. On Sun-Spot Periodicities. Preliminary Notice[J]. Proceedings of the Royal Society of London. Series A, 77(515): 141-145.

Schuster A. 1906. On the Periodicities of Sunspots[J]. Philosophical Transactions of the Royal Society of London. Series A, 206: 69-100.

Schuster A. 1911. On the Periodicity of Sun-Spots[J]. Proceedings of the Royal Society of London, Series A, 85(575): 50-53.

Shuyuan Nie. 2017. A Case of Empirical Study in the History of Statistics: Yule's Analysis of Pauperism[J]. Advances in Intelligent Systems Research, 141: 205-209.

Shuyuan Nie, Xin-qian Wu. 2013. A Historical Study About the Developing Process of the Linear Time Series Models[J]. Advances in Intelligent Systems and Computing, 212: 425-433.

Simpson G C. 1934. Obituary: Sir Arthur Schuster, F. R. S. [J]. Nature, 134: 595-597.

Simpson G C. 1935. Sir Arthur Schuster. 1851-1934[J]. Obituary Notices of Fellows of the Royal Society, 1(4): 408-423.

Slutzky E E. 1937. The Summation of Random Causes As the Source of Cyclic Processes[J]. Econometrica, 5(2): 105-146.

Stigler S M. 1986. The History of Statistics: The Measurement of Uncertainty before 1900[M]. Cambridge, MA: Belknap Press of Harvard University Press.

Stigler S. 2005. Fisher in 1921[J]. Statistical Science, 20(1): 32-49.

Student. 1914. The Elimination of Spurious Correlation Due to Position in Time or Space[J]. Biometrika, 10(1): 179-180.

Taylor S J. 1986. Modeling Financial Time Series[M]. Chichester: John Wiley & Sons.

Walker G. 1931. On Periodicity in Series of Related Terms[J]. Proceedings of the Royal Society, Series A, 131(818): 518-532.

Weigend A S. 1994. Time Series Analysis and Prediction[D]. Colorado: Univerisity of Colorado.

Whittle P. 1992. Obituary: Professor Herman Wold[J]. Journal of the Royal Statistical Society, Series A, 155(3): 466-469.

Wold H. 1948. On Prediction in Stationary Time Series[J]. The Annals of Mathematical Statistics, 19(4): 558-567.

Wold H. 1954. A Study in the Analysis of Stationary Time Series[M]. Stockholm: Almqvist and Wiksell.

Working H. 1934. A Random-Difference Series for Use in the Analysis Time Series[J]. Journal of the American Statistical Association, 29(185): 11-24.

Yule G U, Kendall M G. 1950. An Introduction to the Theory of Statistics[M]. London: Charles Griffin.

Yule G U. 1895. On the Correlation of Total Pauperism with Proportion of Out-Relief I[J]. The Economic Journal, 5: 603-611.

Yule G U. 1896a. On the Correlation of Total Pauperism with Proportion of Out-Relief II[J]. The Economic Journal, 6: 613-623.

Yule G U. 1896b. Notes on the History of Pauperism in England and Wales from 1850,Treated by the Method of Frequency-Curves; with an Introduction on the Method[J]. Journal of the Royal Statistical Society, 59: 318-357.

Yule G U. 1897. On the Theory of Correlation[J]. Journal of the Royal Statistical, 60(4): 812-854.

Yule G U. 1899. An Investigation into the Causes of Changes in Pauperism in England, Chiefly during the Last Two Intercensal Decades (Part I)[J]. Journal of the Royal Statistical Society, 62: 249-295.

Yule G U. 1921. On the Time-Correlation Problem, with Especial Reference to the Variate-Difference

Correlation Method[J]. Journal of the Royal Statistical, 84(4): 497-537.

Yule G U. 1926. Why do we Sometimes get Nonsense-Correlations between Time-Series?—A Study in Sampling and the Nature of Time-Series[J]. Journal of the Royal Statistical, 89(1): 1-63.

Yule G U. 1927. On a Method of Investigating Periodicities in Disturbed Series, with Special Reference to Wolfer's Sunspot Numbers[J]. Philosophical Transactions of the Royal Society of London, Series A, 226: 267-298.

Yule G U. 1944. The Statistical Study of Literary Vocabulary[M]. New York: Cambridge University Press.

Yule G U. 1896-1897. On the Significance of Bravais' Formulae for Regression, &c., in the Case of Skew Correlation[J]. Proceedings of the Royal Society of London, 60: 477-489.